图解
果壳中的宇宙

与霍金一起探索平行宇宙的多重历史

王宇琨　董志道／编著

吉林科学技术出版社

了解物理学的前沿理论，
探索宇宙学的浩渺源流

似果壳般的宇宙

在天文物理学领域，无数科学家投身到宇宙学研究中，试图揭开宇宙的神秘面纱，解释宇宙的终极真理。在这其中，霍金是现代宇宙学的先驱代表性人物。这位享誉全球的物理学家认为，现代量子宇宙学揭示了宇宙的真实面貌——整个宇宙是由一个果壳状的瞬子演化而来，果壳上的量子皱纹包含着宇宙中所有结构的密码。

这就是说，我们曾经认为无边无际、浩瀚无垠的宇宙，在某种程度上可以将其理解为类似坚果硬壳之类的形状。而我们人类、银河系、恒星、地球等一切已知的物质，都存在于果壳的皱纹之上。这对宇宙学研究来说，是一个重要的里程碑。

霍金和众多宇宙学理论的新成果

本书在霍金宇宙学理论的基础上，结合了众多宇宙学理论，从多个方面、不同角度试图将宇宙学的新发现分享给读者，与读者共飨宇宙盛宴。

20 世纪以来，天文物理学家建立起多种宇宙模型。概括起来主要有两大派别：一类是稳恒态宇宙模型，它认为宇宙在大尺度上的物质分布和物理性质是不随时间变化的，稳恒不变；另一类是演化态模型，它认为宇宙在大尺度上的物质分布和物理性质是随时间在变化的。

在众多的宇宙模型中，影响较大的是热大爆炸宇宙学说。这场爆炸后，形成迅速的膨胀，逐渐形成了我们今日可见的宇宙。这就是说，不仅宇宙间的万物在演化，大尺度的宇宙本身也是演化的主体。

从爱因斯坦说起

《图解果壳中的宇宙》从爱因斯坦讲起。这位发现相对论的伟大物理学家，是物理学永远绕不开的人物。无论是量子论、时空弯曲，还是宇宙常数，都离不开爱因斯坦的贡献，后人正是在爱因斯坦理论的基础上，才对宇宙学有了更为深入的研究。

爱因斯坦的一生经历丰富，若写出一本小说，一定会非常畅销。他一生中，曾数次搬家，结过两次婚；他为人风趣幽默，对生活充满敬畏和热爱。人们都知道他最大的成就是创立相对论，却鲜有人知道爱因斯坦花了更多的精力去研究量子力学。这些在本书中都可以看到。

宇宙学理论的大集合

本书是一本内容广博的科普著作，里面不仅对相对论、量子论、超弦理论、模理论等进行了深入浅出的解释，同时对宇宙大爆炸、暴胀、黑洞、虫洞、时间旅行等进行了直观的图解展示。

在阅读《图解果壳中的宇宙》的过程中，你一定会感受到科学探索的无限趣味。在人们通常的认知中，科学探索是一件枯燥的事情。但正因为人类拥有无尽的想象力与探索精神，让我们知道了浩渺宇宙的各种秘密——尽管科学家还没有探索出宇宙的终极真理，但庆幸的是，我们正走在一条通往光明的道路上。

人人都能读懂的图解系列

《图解果壳中的宇宙》是一本大图解加文字讲解的图书，对一些抽象的物理学理论，以图片解说的形式呈现出来。本书所选用的图解，均结合了最新的科学探索图片和知识。读者可借助图解，在脑海中构建出宇宙图景，准确理解霍金和一些物理学家的精妙理论。

限于编者的水平，书中难免有疏漏不妥之处。我们欢迎读者朋友批评指正，从而让更多人热爱上物理学，探索宇宙的奥秘。

编者谨识

■目 录

第一章

相对论简史

第二章

时间的形状

6

第六章

人类历史和星系探索

7

第七章

膜的新奇世界

本节主标题：
本节所要探讨的主题。

8

图解标题：
针对正文所探讨的重点进行图
解分析，帮助读者深入理解。

小标题：
针对图解内容，进行适当
的分类解析，一目了然。

---

3. 狭义相对论：

重构科学界的爱因斯坦论文

爱因斯坦在 1905 年发表的论文，提出了狭义相对论，推翻了 19
世纪科学界的两个绝对物："以太"代表的绝对静止和所有钟表都能
测量的绝对或普适时间。

◉▷ 纯属多余的"以太"观念

"以太"说曾经在一段历史时期内在人们头脑中根深蒂固，深刻地左右着
物理学家的思想。但随着迈克耳孙－莫雷实验的结果，以及阿尔伯特·爱因斯

两种否定"以太"的观点

"以太"存在难以想象

当时的科学界认为，"以太"是
一种刚性的粒子，比最坚硬的物质
金刚石还要硬上许多倍。同时，"以
太"又是如此稀薄，以至物质在穿
过它们时几乎完全不受任何阻力。
就像英国物理学家托马斯·杨形容
的一样："就像风穿过一小片丛林。"

"以太"粒子硬度大于金刚石？

光线

"以太"介质

"以太"是光媒介质？

迈克耳孙－莫雷实验的零结果

"以太"说认为"以太"是光媒介质。
那么地球在"以太"中运动，在地球上各
个方向的光速与地球运动应该符合伽利略
变换，即 $c+v$ 和 $c-v$。迈克耳孙－莫雷实
验正是测量 $c+v$ 和 $c-v$ 中的 v，得到结果
为零。这一结果让当时的科学家很不解。

坦在《论动体的电动力学》论文前言中发表的观点 "'光以太'的引用将被证明是多余的"，使 20 世纪的科学界开始真正地审视 "以太" 观念，并逐渐认识到，所谓 "以太" 介质，可能根本就不存在。

◉ 时间相对

阿尔伯特·爱因斯坦在 1905 年 6 月撰写的论文中指出，如果人们不能检测出光是否穿越空间运动，那么 "以太" 观念纯属多余。同时，他以科学定律对于所有自由运动的观察者都适用的假设为出发点，认为不管他们多快地运动，都会测量到相同的光速。光速和他们的运动无关，并且在所有方向上都大小相同。

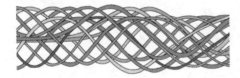

光速 = 299 792 458 m/s

光速不变原理

光速不变原理，在狭义相对论中，是指无论在何种惯性系（惯性参照系）中观察，光在真空中的传播速度都是一个常数，不随光源和观察者所在参考系的相对运动而改变。

这就需要抛弃一个固有观念，即钟表测量称为的时间，并不是一个恒定的标准。事实上，每个人都有自己个人的时间。如果两个人处于相对静止状态，他们的时间一致；但如果两个人处于相互运动状态，时间则不一致。这一观点已经被很多实验证实，其中最为著名的便是两台以相反方向绕地球飞行的精确钟表，返回后显示的时间出现了微小差异。

正文标题：
明确揭示正文中每一段文字的思想内容。

正文：
通俗易懂的文字，让读者轻松阅读。

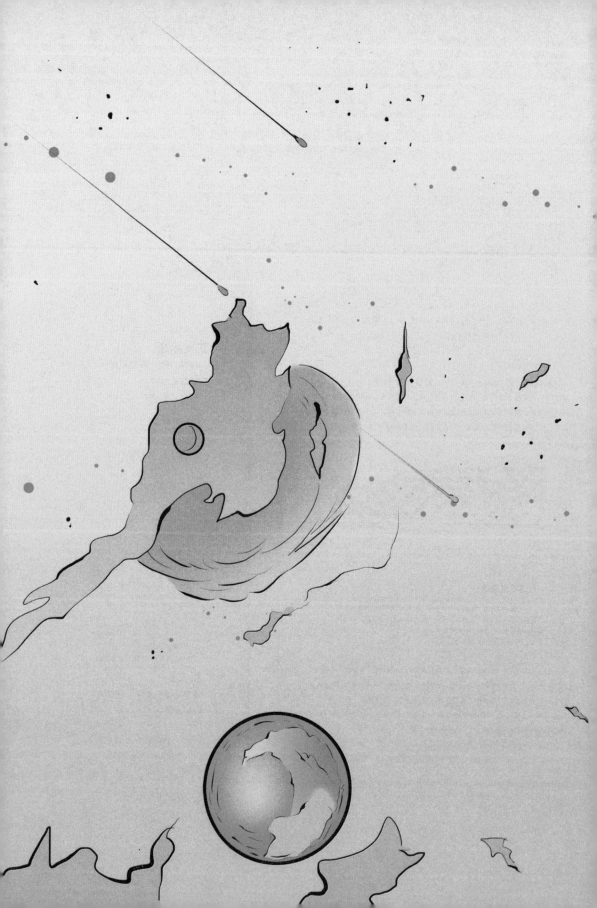

第一章

相对论简史

科学是永无止境的，它是一个永恒之谜。

——阿尔伯特·爱因斯坦

1. 天才之路:
阿尔伯特·爱因斯坦的学业

生活对阿尔伯特·爱因斯坦不算友好，这位狭义相对论和广义相对论的发现者，在他的青年时代，一直在经历着频繁的变动。

童年生活

1879 年 3 月 14 日，阿尔伯特·爱因斯坦诞生于德国乌尔姆的一个犹太家庭。乌尔姆是当时德意志帝国符腾堡王国的一座城市，位于美丽的多瑙河畔。在他诞生一年后，全家即迁往了东南部的大城市，距离乌尔姆 130 千米的慕尼黑。慕尼黑是当时巴伐利亚王国的首都，也是德国南部最为繁华的城市。

爱因斯坦的阅读爱好

爱因斯坦并非人们口中称赞的神童。如果说他有什么不同之处，或许要算从很小时候便开始的阅读爱好。

10 岁
　　爱因斯坦度过 10 岁生日后，在医科大学生塔尔梅的引导下，他开始喜欢阅读哲学著作。对于一个只有 10 岁的孩子来说，这至为关键，为爱因斯坦一生的科学之路，奠定了深厚的哲学基础。

12 岁
　　当同年龄孩子还在街边玩耍的时候，爱因斯坦已经开始自学欧几里得几何，并对数学产生了狂热的喜爱，同时开始自学高等数学。

13 岁

代表作:
《纯粹理性批判》
《实践理性批判》
《判断力批判》

　　爱因斯坦一边继续着数学知识的学习，一边开始系统阅读康德的哲学著作。

康德画像

爱因斯坦的父亲赫曼和叔父雅各伯在慕尼黑合作成立了一家小型电器公司，负责设计和制造电器。公司发展虽不算成功，但也为爱因斯坦全家提供了稳定的生活。爱因斯坦因此在慕尼黑生活了 14 年，度过了他的童年和早期学生时代。

🪐 迁居米兰

虽然阿尔伯特·爱因斯坦取得了举世瞩目的成就，但他的父亲则显得平庸了许多。1894 年，他父亲赫曼的电器公司因经营不善而倒闭，全家决定搬离德

爱因斯坦的迁居路线

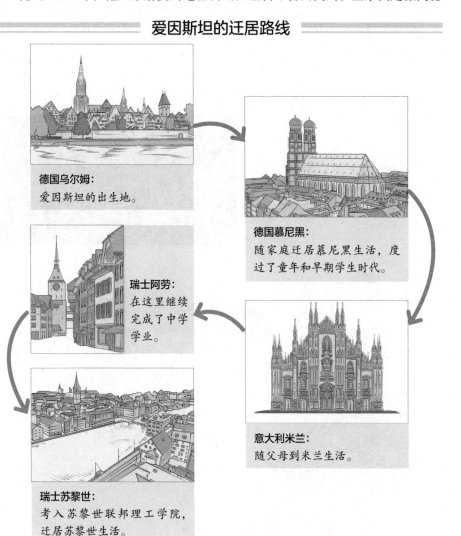

德国乌尔姆：
爱因斯坦的出生地。

德国慕尼黑：
随家庭迁居慕尼黑生活，度过了童年和早期学生时代。

瑞士阿劳：
在这里继续完成了中学学业。

意大利米兰：
随父母到米兰生活。

瑞士苏黎世：
考入苏黎世联邦理工学院，迁居苏黎世生活。

国，迁往意大利的米兰。

身为犹太人的父母，对孩子的教育非常重视，因此决定让爱因斯坦在慕尼黑继续他的中学学业，等毕业后再到米兰和家人团聚，只有爱因斯坦继续留在慕尼黑完成学业。虽然他住在远房亲戚家里，但他心里仍有被丢弃的感觉。严格专制的校风与机械式的学习方式令他难以忍受。那年年底，他借口身体不适，

从未停止过的自学和思考

阿尔伯特·爱因斯坦虽然经历了搬家、转学等变动的生活，不能像大多数人一样接受稳定的学校教育，但他却一直在坚持自学，这已经成为了他的兴趣和爱好。

爱因斯坦 16 岁时，已经自学完微积分。

微积分是现代数学的发端，作为其逻辑发展的数学分析体系，构成了精密思维中最伟大的技术进展。

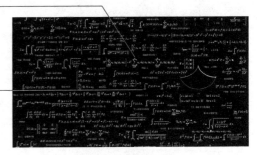

爱因斯坦开始思考当一个人以光速运动时会看到什么现象，对经典理论的内在矛盾产生了困惑。

青年时期的爱因斯坦

毅然决然地离开学校，搬去米兰与家人会合。这样，他也可以避免从军。后来，他决然放弃德国国籍，成为无国籍人。在意大利的时候，年仅 16 岁的他撰写了有生以来第一篇理论物理论文，标题为《论在磁场里以太状态的研究》。

年仅 16 岁的爱因斯坦参加了瑞士苏黎世联邦理工学院的 1895 年入学考试，这时的他比大多数考生至少要小两岁。虽然他在数理科部分得到高分，但没有通过考试的文科部分。理工学院院长建议他先完成高中学业，因此他进入瑞士阿劳的阿劳州立中学读书。隔年 9 月，他成功通过瑞士高中毕业考试，大部分学科都获得优良成绩，特别是在物理与数学两个学科，都得到了最高分 6 分。

🪐 大学时光

爱因斯坦的父亲很希望爱因斯坦能够继承他的电机工程事业，但爱因斯坦对这不感兴趣，他认为对他而言这是大材小用。1896 年，年仅 17 岁的爱因斯坦获准进入苏黎世联邦理工学院师范系数理科学习物理。他在那里遇到未来妻子米列娃·马利奇。同班六名学生中，米列娃是唯一女性，她比爱因斯坦大三

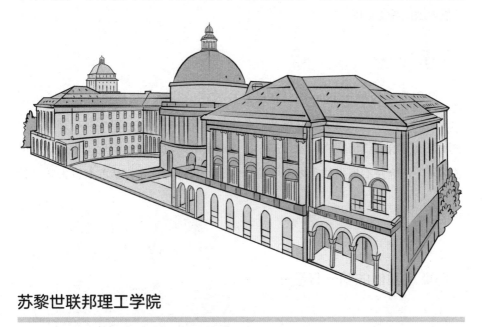

苏黎世联邦理工学院

苏黎世联邦理工学院享有"欧陆第一名校"美誉，以其极高的教学淘汰率和极低的录取率闻名。截至 2018 年，学院的校友、教授和研究人员中，共产生了 32 位诺贝尔奖得主。其中最为著名的就是爱因斯坦。

岁。爱因斯坦与米列娃在物理方面有共同的兴趣与目标，久而久之渐渐擦出爱情火花。

爱因斯坦在 1900 年毕业，没能留校担任助教，接下来两年时间都没能找到教职。

1901 年获得瑞士国籍，由于健康因素，他没有被征召入伍当兵。1902 年在大学同学马塞尔·格罗斯曼的父亲协助下，成为伯尔尼瑞士专利局的助理鉴定员，从事电磁发明专利申请的技术鉴定工作。1903 年成为正式职员。

爱因斯坦在专利局的工作很多都是与电信号传递、机电时间的同步化这类技术问题有关，这两类技术问题也时常会明显地出现在爱因斯坦的思想实验里，而这些思想实验最终导致爱因斯坦做出关于光的性质与时空之间的基础关联的大胆结论。

他利用业余时间开展科学研究，并且和在伯尔尼遇到的几位朋友组成讨论小组，自嘲地取名为"奥林匹亚学院"。他们时常定期聚集在一起讨论科学和哲学，共同阅读昂利·庞加莱、恩斯特·马赫和大卫·休谟的著作，他的科学哲学的发展因此深受影响。

🪐 学术生涯

爱因斯坦最早于 1900 年已在极具权威性的德国《物理年鉴》发表论文《毛细现象的结论》，由于这篇论文的基本猜测并不正确，其对于日后物理学的发展并没有给出任何实质贡献。那年，他决定继续攻读博士学位，由于苏黎世联邦理工学院并不提供物理博士学位，他必须通过特别安排从苏黎世大学得到

爱因斯坦和他的第一任妻子

爱因斯坦和米列娃于 1903 年 1 月结婚，婚后生了两个儿子。由于婚后生活不和谐，爱因斯坦将更多的时间用在了科学研究上。这也许成为了爱因斯坦这一时期科学上多产的一个原因。

爱因斯坦奇迹年

1905 年被誉为"爱因斯坦奇迹年"，在这一年里，他发表了多篇划时代的物理学论文，创造了科学史上的一大奇迹。

狭义相对论

光电效应

质量和能量关系

布朗运动

博士学位。隔年，他成为苏黎世大学实验物理学教授阿尔弗雷德·克莱纳的博士学生。那年 11 月，他写完了初版的博士论文，但克莱纳并不满意这论文，特别是爱因斯坦在论文里对于其他科学权威的攻击。

经过努力改善，1905 年，他的博士论文《分子大小的新测定法》终获接受，他可以得到博士学位。同年，他发表了关于光电效应、布朗运动、狭义相对论、质量和能量关系的四篇论文，在物理学的四个不同领域中取得了历史性成就。该年被后人称为"爱因斯坦奇迹年"。

这四篇论文不仅奠定了爱因斯坦作为世界最顶尖科学家的地位，而且开启了两项观念革命。正是这场科学革命，改变了我们对时间、空间的理解。

在正式进入相对论之前，我们有必要先简单了解一下 19 世纪末的科学界，那个被"以太"介质所诠释的宇宙观。

2.19 世纪的科学：

充满空间的"以太"介质

19 世纪末，科学家们相信他们已经处于完整描述宇宙的前夕。他们想象空间中充满了所谓"以太"的连续介质。

🪐 何为"以太"

"以太"一词最早出现于古希腊，是古希腊哲学家亚里士多德所设想的一种物质。在亚里士多德看来，物质元素除了水、火、土、气之外，还有一层居于天空上层的"以太"。后来人们逐渐增加其内涵，使它成为某些历史时期物理学家赖以思考的假想物质。

笛卡尔的以太旋涡说

笛卡尔认为，真空中充满了空间物质，即"以太"。它们围绕太阳形成旋涡，这种旋涡导致了太阳系的形成。这一关于太阳的旋涡说，是 17 世纪中最有权威的宇宙论。

最早将"以太"概念引入科学的人是英国哲学家笛卡尔，并赋予了它某种力学性质。笛卡尔认为，物体之间所有作用力都必须通过某种中间媒介物质来传递，而这种媒介物质就是"以太"。以太虽然不能为人的感官所感觉，但却能传递力的作用，如磁力和月球对潮汐的作用力。

牛顿和笛卡尔有着一样的观点。牛顿反对超距作用，并承认"以太"的存在。在他看来，"以太"不一定是单一的物质，因而能传递各种作用，如产生电、磁和引力等不同现象。牛顿也借助"以太"的稀疏和压缩来解释光反射和折射，甚至假想"以太"是造成引力作用的可能原因。因此，整个 17 世纪，几乎所有科学家都承认"以太"的存在，并逐渐赋予"以太"更加完整的定义。我们由此可以感知，爱因斯坦后来对"以太"提出质疑，和发现相对论，是多么伟大的科学发现。

艾萨克·牛顿

在力学上，提出牛顿运动定律，阐明了动量和角动量守恒的原理。

在数学上，与戈特弗里德·威廉·莱布尼茨分享了发展出微积分学的荣誉。

在经济学上，牛顿提出金本位制度。

艾萨克·牛顿是英国著名物理学家。他发表的论文《自然定律》对万有引力和三大运动定律进行了描述。这些描述奠定了此后三个世纪物理世界的科学观点。

🪐 寻找"以太"

19世纪是"以太"观念真正展现威力的时候，因为科学家通过对光的研究发现，光是一种波，而生活中的波大多需要传递介质。例如，声波的传递需要借助空气，水波的传递需要借助水，等等。所以，科学家们便假想宇宙间到处都存在着一种可以称之为"以太"的物质，正是这种物质在光的传播中起到了介质作用。实际上，科学家们的这种思考，正是受到了牛顿经典力学思想的影响。

科学家们相信光线和射电信号是在"以太"中的波动，他们只要仔细测量出"以太"的弹性性质，就能构建出完整理论来描述宇宙。因此，为了进行这种测量，建立一个完美的实验环境势在必行。哈佛大学承担了这个艰巨的任务，在大学校园内建立了杰弗逊物理实验室。

杰弗逊物理实验室

杰弗逊物理实验室最初的设想是不用一根铁钉,以免干扰灵敏的磁测量。然而,策划者忘记了建筑实验室和哈佛大部分楼房所用的红褐色砖头中含有大量的铁。当然,这栋建筑至今依然在使用。

🪐 "以太"观念的偏差

到了 19 世纪末,有关光通过"以太"传递的观念出现了偏差,按照人们的预测,光会以恒定的速率通过"以太"。如果光是一种可以被称为"以太"的弹性物质中的波,那么你通过"以太"顺着光的方向运动,光的速度会显得更慢;而如果你逆着光的方向运动,光的速度会显得更快。

然而,现实当中的一系列实验都不支持上述观念,其中最为著名的是迈克耳孙 – 莫雷实验。1887 年,波兰裔美国籍物理学家阿尔伯特·迈克耳孙和美国

固定以太理论

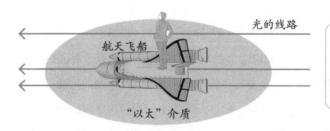

光的线路

航天飞船

"以太"介质

如果航天飞船上的某人,通过"以太"顺着光的方向运动,测量到的光速会变得较慢。

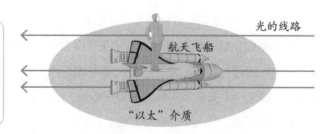

如果航天飞船上的某人,通过"以太"逆着光的方向运动,测量到的光速会变得较快。

光的线路

航天飞船

"以太"介质

物理学家爱德华·莫雷，在美国克利夫兰的凯思应用科学学校进行了一场最为仔细、精确的实验。他们对相互垂直两束光的速度进行比较，随着地球绕轴自转以及绕日公转，仪器会以变化的速率和方向通过"以太"运动。

测试结果显示，两束光之间没有周日或周年的变化。不管人们在哪个方向多快地运动，光似乎总是以相同的速率，相对于它的所在地运动。

迈克耳孙－莫雷实验

迈克耳孙－莫雷实验最初的目的是为了测量地球在"以太"风中的速度。因为当时的科学界认为"以太"是静止的，所以运动的地球理论上会引起"以太"风迎面吹来。也就是说，"以太"风必然会对光的传播产生影响。

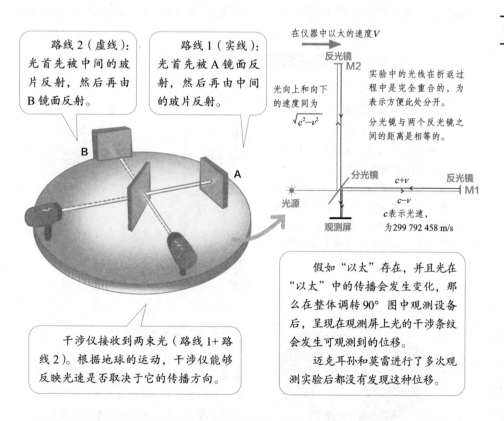

路线2（虚线）：光首先被中间的玻片反射，然后再由B镜面反射。

路线1（实线）：光首先被A镜面反射，然后再由中间的玻片反射。

在仪器中以太的速度V

反光镜 M2

实验中的光线在折返过程中是完全重合的，为表示方便此处分开。

分光镜与两个反光镜之间的距离是相等的。

光向上和向下的速度同为 $\sqrt{c^2-v^2}$

分光镜

光源

反光镜 M1

$c+v$

$c-v$

观测屏

c表示光速，为299 792 458 m/s

干涉仪接收到两束光（路线1+路线2）。根据地球的运动，干涉仪能够反映光速是否取决于它的传播方向。

假如"以太"存在，并且光在"以太"中的传播会发生变化，那么在整体调转90° 图中观测设备后，呈现在观测屏上光的干涉条纹会发生可观测到的位移。

迈克耳孙和莫雷进行了多次观测实验后都没有发现这种位移。

迈克耳孙－莫雷实验结果否认了"以太"的存在，动摇了经典物理学基础，成为近代物理学的一个发端，在物理学发展史上具有十分重要的意义。

3. 狭义相对论：
重构科学界的爱因斯坦论文

爱因斯坦在 1905 年发表的论文，提出了狭义相对论，推翻了 19 世纪科学界的两个绝对物："以太"代表的绝对静止和所有钟表都能测量的绝对或普适时间。

🪐 纯属多余的"以太"观念

"以太"说曾经在一段历史时期内在人们头脑中根深蒂固，深刻地左右着物理学家的思想。但随着迈克耳孙－莫雷实验的结果，以及阿尔伯特·爱因斯

两种否定"以太"的观点

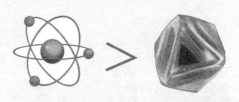

"以太"存在难以想象

当时的科学界认为，"以太"是一种刚性的粒子，比最坚硬的物质金刚石还要硬上许多倍。同时，"以太"又是如此稀薄，以至物质在穿过它们时几乎完全不受任何阻力。就像英国物理学家托马斯·杨形容的一样："就像风穿过一小片丛林。"

"以太"粒子硬度大于金刚石？

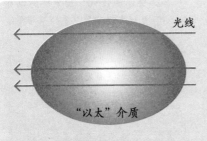

光线

"以太"介质

"以太"是光媒介质？

迈克耳孙－莫雷实验的零结果

"以太"说认为"以太"是光媒介质。那么地球在"以太"中运动，在地球上各个方向的光速与地球运动应该符合伽利略变换，即 $c+v$ 和 $c-v$。迈克耳孙－莫雷实验正是测量 $c+v$ 和 $c-v$ 中的 v，得到结果为零。这一结果让当时的科学家很不解。

坦在《论动体的电动力学》论文前言中发表的观点"'光以太'的引用将被证明是多余的"，使 20 世纪的科学界开始真正地审视"以太"观念，并逐渐认识到，所谓"以太"介质，可能根本就不存在。

🪐 时间相对

阿尔伯特·爱因斯坦在 1905 年 6 月撰写的论文中指出，如果人们不能检测出光是否穿越空间运动，那么"以太"观念纯属多余。同时，他以科学定律对于所有自由运动的观察者都适用的假设为出发点，认为不管他们多快地运动，都会测量到相同的光速。光速和他们的运动无关，并且在所有方向上都大小相同。

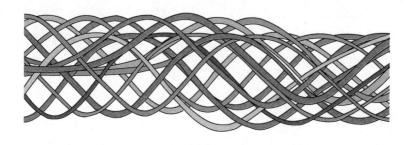

光速 = 299 792 458 m/s

光速不变原理

光速不变原理，在狭义相对论中，是指无论在何种惯性系（惯性参照系）中观察，光在真空中的传播速度都是一个常数，不随光源和观察者所在参考系的相对运动而改变。

这就需要抛弃一个固有观念，即钟表测量称为的时间，并不是一个恒定的标准。事实上，每个人都有自己个人的时间。如果两个人处于相对静止状态，他们的时间一致；但如果两个人处于相互运动状态，时间则不一致。这一观点已经被很多实验证实，其中最为著名的便是两台以相反方向绕地球飞行的精确钟表，返回后显示的时间出现了微小差异。

钟表环球飞行实验

两架环绕地球飞行的飞机上，装有两台时间精准的钟表，它们从同一起点开始朝相反方向飞去。而当它们重新相遇时，向东飞行的钟表流逝的时间稍微短一些。

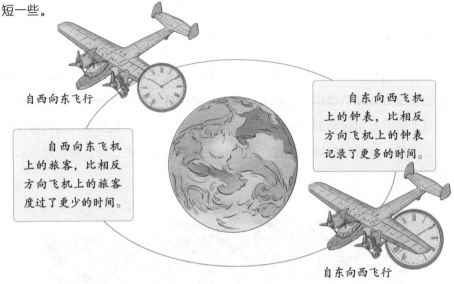

自西向东飞行

自西向东飞机上的旅客，比相反方向飞机上的旅客度过了更少的时间。

自东向西飞机上的钟表，比相反方向飞机上的钟表记录了更多的时间。

自东向西飞行

🪐 狭义相对论

《论动体的电动力学》论文中提出了区别于牛顿时空观的新的平直时空理论，最后被命名为"狭义相对论"。这一伟大发现，奠定了爱因斯坦在科学界的地位，甚至有人认为，爱因斯坦是继伽利略、牛顿之后最伟大的科学家之一。

然而，爱因斯坦撰写这篇论文的起因，却是16岁时便开始思考的光与"以太"问题。这个问题在他的心中酝酿了十年之久。他常常到好朋友贝索家聚会，并乐此不疲地和贝索讨论哲学或科学问题，最终在1905年5月，终于想明

《物理学年鉴》

《物理学年鉴》是1790年开始刊行的德国物理学期刊，一些改变20世纪物理学面貌的论文最初都发表在此期刊上。此期刊地位有如今日的美国期刊《物理评论》。

白一个关键问题，立即开始了《论动体的电动力学》论文的写作，成稿最终由他的妻子米列娃校对并寄给《物理学年鉴》。

爱因斯坦相对论的基础，即假定自然定律对于所有自由运动的观察者应该显得相同。这就是说，只有相对运动才是重要的。这一简单和美丽的科学观点征服了许多思想家，同时也推翻了 19 世纪科学中代表绝对静止的"以太"，以及钟表代表的绝对或普适时间。

狭义相对论的预言

狭义相对论预言了牛顿经典物理学中所没有的一些新效应，即相对论效应，其中包括时间膨胀和长度收缩等。

时间膨胀的物理现象

两个完全相同的精准时钟，拿着甲钟会发现乙钟比自己的甲钟走得慢。

这就是狭义相对论中的"时间膨胀"效应。

静止的甲

高速运动的乙

这种现象常被称为对方的钟"慢了下来"。任何本地时间，也就是位于同一个坐标系上的观测者所测量出的时间，都以同一个速度前进。

长度收缩效应

长度 ＝ A

静止的杆子

向前运动的杆子

长度 < A

长度收缩效应是指一根静止长杆的长度可以用标准尺子进行测量，假设长度为 A。而对另一根运动中的杆子进行测量时，狭义相对论预言，运动杆子的长度会小于 A，也就是说运动中的杆子比静止中的杆子长度短。此效应表明了空间的相对性。

4. $E=mc^2$ 的应用：
震惊世界的原子弹

相对论一个非常重要的推论是质量和能量的关系，即爱因斯坦的著名公式 $E=mc^2$。这个物理学中最被大众熟知的公式，最终创造出了原子弹。

🪐 质量和能量

在牛顿经典力学中，质量和能量之间是相互独立、没有关系的。这种科学认知直到爱因斯坦提出相对论才被打破，在相对论力学中，质量和能量之

光速与质能等效关系

质量和能量的等效关系有一个前提，即爱因斯坦提出光速对于任何人而言都显得相同，也就是说，没有任何东西运动比光还快。因此，著名的质能等效公式中，光速 c 是中间最重要的物理常数。

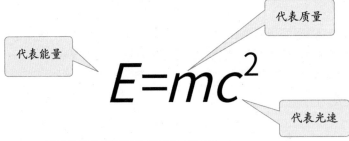

代表能量　代表质量

$$E=mc^2$$

代表光速

当人们用能量加速任何物体时，例如航天火箭，实际上发生的是航天火箭质量增加，使得对它进一步加速变得更加困难。因为要把航天火箭加速到光速需要消耗无限大能量，所以是不可能的。

间有着紧密的联系。爱因斯坦认为，质量和能量只不过是物体力学性质的两个方面而已。

爱因斯坦将能量和质量的关系联系到一起，并建立了一个近乎完美的公式，从科学发展角度看，它的贡献非常巨大。但在另一方面，质能等效理论也为后来诞生的破坏性核武器，创造了理论基础。最初，这项实验是由铀原子核裂变所产生的。

铀原子核裂变过程

核是由质子和中子被强力捆在一起构成的。但其中的显著特点是，核质量总是比组成它的质子和中子的各自质量之和小。这个差决定了核裂变过程，会释放巨大的势能，产生核武器毁灭性的爆炸力。

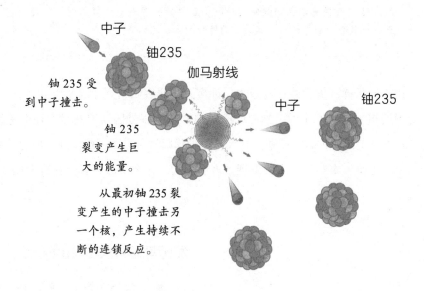

中子

铀235

伽马射线

铀235受到中子撞击。

铀235裂变产生巨大的能量。

中子

铀235

从最初铀235裂变产生的中子撞击另一个核，产生持续不断的连锁反应。

铀235的核裂变过程，可从爱因斯坦质能等效关系算出这一结合能：

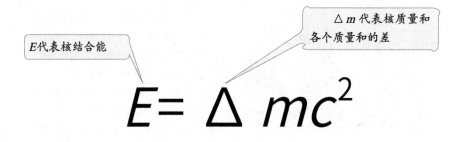

E代表核结合能

△m代表核质量和各个质量和的差

$$E = \Delta mc^2$$

☄ 一封关于核研究计划的信

1939 年，由于法西斯联盟的残忍和侵略野心，第二次世界大战已迫在眉睫。众多意识到这一深刻问题的科学家，说服爱因斯坦放弃其和平主义主张，以他的科学权威给美国罗斯福总统写一封信，要求美利坚合众国开始核研究计划。

致罗斯福总统的信函

"在最近的 4 个月里，通过法国的约里奥以及在美国的费米和西拉德的研究，似乎在大量铀元素中可能建立核子连锁反应，由此可以产生巨大的功率以及大量的新的类镭元素。现在几乎可以肯定，在最近的将来就能立即实现这一切。

这种新现象也会导致制造一种新型炸弹，那是一种极其强大的炸弹，这是可以想见的，虽然比前面所说的不确定得多。"

由于原子弹巨大的破坏性威力，许多人将罪责归结到爱因斯坦身上，认为是爱因斯坦创造了原子弹。然而，原子弹的产生跟爱因斯坦并没有任何关系，他没有参与美国的核研究计划。有人将原子弹归咎于爱因斯坦发现了质能关系，无异于将飞机失事归咎于牛顿发现了万有引力，火车事故归咎于瓦特发明了蒸汽机。

爱因斯坦与爱好和平的人

事实上，爱因斯坦一直奉行和平主义原则。在他的一生中，经历了两次世界大战，在一战中爱因斯坦成长为绝对和平主义者，他反战完全源于对人类的责任和正义感。到了 1939 年，他深刻认识到希特勒领导的纳粹集团的侵略野心，"当必须保卫法律和人类尊严时，我们必当挺身而出。当法西斯危险到来，我已不再相信绝对被动的和平主义。只要法西斯主义统治欧洲，就不会有和平。"

图解果壳中的宇宙

☄ 曼哈顿计划

美国于 1942 年 6 月正式开始曼哈顿计划，利用核裂变反应来研制原子弹，该计划几乎集中了当时西方国家所有最优秀的科学家。罗斯福总统赋予这一计划以"高于一切行动的特别优先权"，并于 1945 年 7 月成功地进行了第一次核爆炸，在日本的广岛和长崎投掷了两枚原子弹。

爱因斯坦本人并没有参与曼哈顿计划。事实上，在"二战"后期，爱因斯坦认为核研究计划已经没有继续进行的必要，他向美国政府提出，停止研发原子弹，并且不要向世界任何一个国家使用原子弹。当时，美国新任总统杜鲁门并没有听取爱因斯坦的建议。

当爱因斯坦得知日本原子弹爆炸的消息后，他对美国这一行动感到震惊。因为原子弹爆炸，不仅会造成数以万计的无辜平民死亡，而且会对当地环境造成无法挽回的破坏。

日本原子弹爆炸

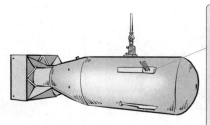

美国投到日本长崎的原子弹代号为"胖子"，采用的是内爆式结构，弹重约 4545 千克，弹最粗处直径约 152 厘米，弹长约 320 厘米。

美国投到日本广岛的原子弹代号为"小男孩"，采用的是枪式结构，弹重约 4000 千克，直径约 71 厘米，长约 305 厘米。

原子弹爆炸会在离地 600 米左右的高空形成蘑菇状烟云。

接着便竖起几百根火柱，使地面成为一片焦热的火海。

爆炸的同时会发出令人眼花目眩的强烈白色光。

5. 广义相对论：

弯曲的时空几何

当爱因斯坦还在瑞士专利局工作的时候，他就认识到狭义相对论和引力定律难以协调的地方。但直到多年后，他才解决这一问题。

☄ 难以协调的矛盾

爱因斯坦在 1905 年提出的狭义相对论，实际上是对经典物理学时空观的改写。在 20 世纪以前的经典物理学中，科学研究者采用了牛顿的绝对时空观。而狭义相对论的提出，改变了传统时空观。这就导致科学研究者必须根据相对

时空观

时空观是指关于时间和空间的根本观点。在历史上，时空观的演进大致可分为四个阶段。

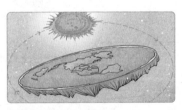

古希腊人的时空观

古人根据感觉到的直观现象，认为大地是平坦的，太阳从东边升起朝西边落下。

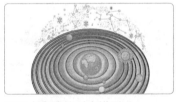

亚里士多德的时空模型

亚里士多德认为地球位于整个宇宙的中心，星球分别处在不同的轨道上做着最完美的圆周运动。

牛顿的绝对时空观

牛顿认为时间和空间相互独立，没有关系。空间的延伸和时间的流逝都是绝对的。

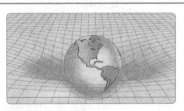

相对论的时空观

爱因斯坦的相对论证明了时间和空间不是分别存在的，它们结合成为一个时空融合体。

论的要求，对经典物理学公式进行改写。

　　在经典物理学公式中，狭义相对论和电磁学定律配合完美，无须改写。电磁学起源于18世纪，物理学家创立了一种可将电现象、磁现象和光的本质联系到一起的理论。磁场是由电流产生的，电场是由变化的磁场引发的，而光则是传播中的电磁波。先后经历多位物理学家的努力，最后由苏格兰物理学家詹姆斯·克拉克·麦克斯韦构建出一套优雅理论，即麦克斯韦方程组。在麦克斯韦方程组中，光速作为常数出现。爱因斯坦继承了这一观点，在狭义相对论中，光速同样作为一个常数出现。

　　虽然狭义相对论和电磁学定律配合完美，但它却不能和牛顿的引力定律相

电流、磁场与光的关系

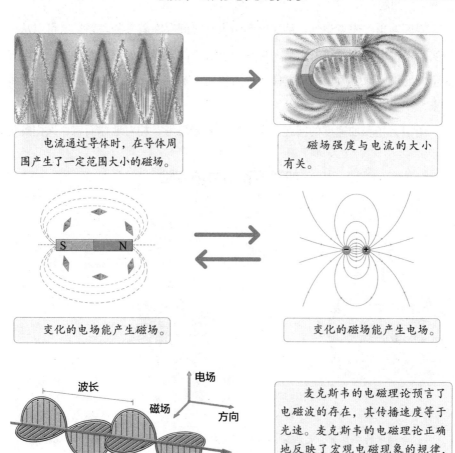

电流通过导体时，在导体周围产生了一定范围大小的磁场。

磁场强度与电流的大小有关。

变化的电场能产生磁场。

变化的磁场能产生电场。

波长

电场

磁场

方向

传播方向

麦克斯韦的电磁理论预言了电磁波的存在，其传播速度等于光速。麦克斯韦的电磁理论正确地反映了宏观电磁现象的规律，肯定了光也是一种电磁波。

协调。在牛顿万有引力定律中，如果人们在空间中的某个区域改变物质分布，在宇宙其他任何地方的引力场改变就会瞬间被察觉到。这意味着，将会有信号传输得比光速还快，而这是相对论禁止的事物。

另一方面，爱因斯坦在狭义相对论中假设，在任何以匀速运动的参照系即惯性参照系中观察，物理定律都是不变的。但在以非匀速运动的非惯性参照系中情况有所不同。正是这一原因，导致狭义相对论与牛顿引力定律不能完美融合。

🪐 一次灵感的迸发

1907 年，当爱因斯坦还在伯尔尼专利局工作时，他就认识到狭义相对论和牛顿引力定律不相协调的地方。但直到 4 年后，他迁居到布拉格时才开始认真思考这个问题。

爱因斯坦首先意识到，加速度和引力场之间存在着某种联系。这可以从一项实验中得出结论：如果让某人待在一个封闭的升降电梯中，他将无法把电梯静止地处于地球引力场中和电梯在自由空间中被航天飞船加速这两种情形区别开来。

由引力场和加速度的问题，爱因斯坦开始思考，相对地球而言，人们既可

加速度和引力场实验

电梯静止地处于地球引力场中。

电梯在自由空间中被航天飞船加速。

电梯中的观察者，无法区分出以上两种情况。也就是说，电梯中的观察者，在没有视觉帮助区分的情况下，无法感知出引力场和加速度之间的区别。

以说苹果因为引力而落到了牛顿头上，也可以等效地说因为牛顿和地面被往上加速。爱因斯坦推论认为，加速度和引力之间是不可分辨的。

但是，爱因斯坦马上意识到，对于球形地球加速度和引力之间的等效似乎不成立。因为世界两边的人必须在相反的方向被加速，却又停留在固定的相互距离。

🪐 大胆的假设

一些伟大的发现，总是源于瞬时的灵感。爱因斯坦也是如此，他在1912年回到苏黎世时，突然意识到如果时空几何是弯曲的，而不像迄今所假定的那样是平坦的，则加速度和引力之间的等效成立。他为此感到兴奋，就像小孩子吃到期待已久的糖果一样。

不成立的等效关系

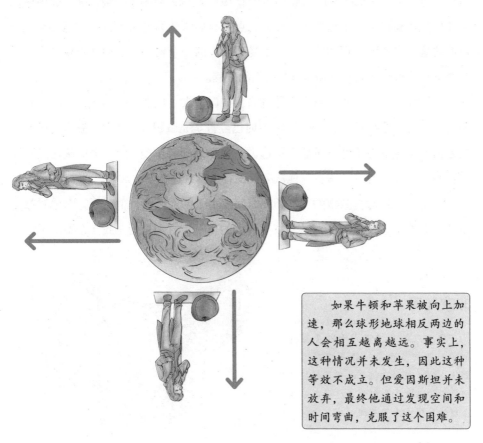

如果牛顿和苹果被向上加速，那么球形地球相反两边的人会相互越离越远。事实上，这种情况并未发生，因此这种等效不成立。但爱因斯坦并未放弃，最终他通过发现空间和时间弯曲，克服了这个困难。

爱因斯坦的基本推论是质量和能量以一种还未被确定的方式弯曲时空。当行星或牛顿手中的苹果在通过时空时试图沿着直线运行，但是因为时空是弯曲的，所以它们的轨道显得被引力场弯折了。

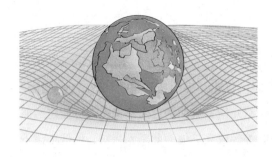

时空弯曲

　　只有当一个大质量的物体将时空弯曲，并由此将它邻近物体的路径弯折，加速度和引力才会变成等效的。

　　这一大胆假设并没有停留在假想层面，爱因斯坦通过他的朋友玛索尔·格罗斯曼通晓了弯曲空间和面的理论。并于 1913 年两人合写了一篇论文，爱因斯坦和格罗斯曼在论文中提出了重要的观点：我们所认为的引力只不过是时空是弯曲的这一事实的表现。然而，由于爱因斯坦的一个错误，他们并未找到将时空曲率和处于其中的质量和能量相联系的方程。

　　爱因斯坦是一个相当富有人性且易犯错误的人。他在早期的职业生涯中并不是一个数学爱好者，虽然他在 16 岁时已经自学完微积分。然而，勤奋与懒惰在爱因斯坦身上似乎并不矛盾。他过去的数学老师赫尔曼·闵可夫斯基曾经写道："他在大学里是一条懒狗。他从来就没有正眼看过数学一次。"

　　但爱因斯坦对待数学的态度随着时间发生了彻底改变，他公开宣布他对数学已经不再厌恶："我逐渐对数学有了极大的尊重；直到最近，我才在不知不觉

非欧几何

　　非欧几何是指不同于欧几里得几何学的几何体系，一般是指罗巴切夫斯基几何（双曲几何）和黎曼的椭圆几何。它们与欧氏几何最主要的区别在于公理体系中采用了不同的平行定理。

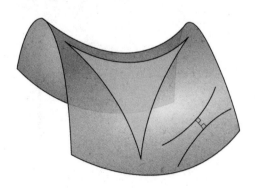

中认识到，它更为精妙的部分简直就是纯粹的享受！"事实上，正是因为爱因斯坦能够理解非欧几何，他才创立了具有划时代意义的广义相对论。

🪐 寻找场方程

爱因斯坦于 1913 年重返德国，定居在柏林，并出任柏林威廉皇帝物理研究所所长和柏林洪堡大学教授。在此期间，他继续研究弯曲时空的问题。摆在爱因斯坦面前的困难是，他还没能找到正确的方程，证明弯曲时空理论。

幸运的是，爱因斯坦几乎不受家事的烦扰，而且基本上不受战争影响。这使爱因斯坦得以完全浸润在科学领域，进行专注、缜密的思考。到了 1915 年夏天，他访问格丁根大学时和数学家大卫·希尔伯特讨论了他的思想。我们无从得知这次讨论是否带给爱因斯坦某些新灵感，但同年 11 月，爱因斯坦终于找到了正确的方程。

爱因斯坦方程

$$R_{\mu v} - \frac{1}{2}g_{\mu v}\,R = \frac{8\pi G}{c^4}T_{\mu v}$$

场方程的左端是空间曲率的测度。

场方程的右端是"应力－能量张量"，代表物质与能量（二者等价）的传播。

相对论理论大师约翰·惠勒言简意赅地表达了这些方程的含义："物质告诉时空如何弯曲，弯曲的空间告诉物质如何运动。"正是在上述方程的指导下，人们才有了黑洞的发现和宇宙大爆炸理论。

🪐 弯曲时空的新理论

弯曲时空的新理论被称为"广义相对论"，以和原先没有引力的狭义相对论相区别。广义相对论使得爱因斯坦预言了光线在引力场中的弯曲。例如，来自遥远恒星的光线在来到太阳附近时有所偏转。这一预言在 1919 年得到证实，英国赴西非的探险队在日食时观察到光线通过太阳附近会稍微偏折，这正是空间和时间被弯曲的直接证据，广义相对论也因此得到了广泛的确认。

6. 宇宙常数：

爱因斯坦的滑铁卢

> 爱因斯坦在广义相对论中添加宇宙常数去抵消几乎无处不在的弯曲时空，用以保持宇宙的恒定不变。后来，他将这一概念称为一生中"最大的错误"。

🪐 静态的宇宙解

根据爱因斯坦的广义相对论，宇宙中充满物质，而物质能弯曲时空，这预示着物质弯曲时空的方式最终会使所有物体落到一处。然而20世纪20年代的科学界，天文学家相信宇宙是静态的，爱因斯坦同样抱持这一观点。但是，爱因斯坦广义相对论的场方程没有描述一个静态，也就是时间中不变的宇宙解。因此，爱因斯坦不惜改变自己的场方程，对其进行完善，添加上被称为"宇宙常数"的一项。

事实上，根据广义相对论场方程解出的宇宙是膨胀的，但爱因斯坦认为宇

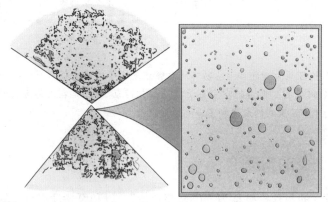

宇宙常数

爱因斯坦的宇宙常数用符号 Λ 表示，该比例常数很小，在银河系尺度范围可忽略不计。只有在宇宙尺度下，符号 Λ 才可能有意义。爱因斯坦认为宇宙常数在相反的意义上弯曲时空，使得物体相互离开。宇宙常数的排斥效应可以平衡物质的吸引效应，这样就允许宇宙具有静态解。

宙应该是平直的。显然，在方程和思维认知面前，爱因斯坦选择了后者。这也是爱因斯坦为什么将宇宙常数称为他一生中"最大的错误"的原因。

☄ 威尔逊山上的观测

美国天文学家爱德文·哈勃在威尔逊山天文台对宇宙图景的观测，证实了广义相对论，同时也排除了为获得静态宇宙解对宇宙常数的需要。哈勃用 100 英寸望远镜观测到，星系和我们距离越远，就越快速地离我们而去。这一观测证明了宇宙正在膨胀，任何两个星系之间的距离会随时间恒定地增加，因此也就不存在一个静态的宇宙。

哈勃空间望远镜

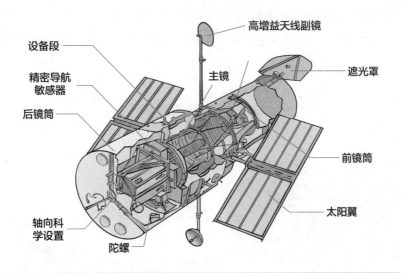

高增益天线副镜

设备段

精密导航
敏感器

后镜筒

主镜

遮光罩

前镜筒

太阳翼

轴向科
学设置

陀螺

哈勃空间望远镜于 1990 年发射升空，位于地球大气层之上，是天文学史上最重要的仪器。它成功弥补了地面观测的不足，帮助天文学家解决了许多天文学上的基本问题，使得人类对天文物理有了更多的认识。

☄ 宇宙正在膨胀

爱德文·哈勃的观测将一个膨胀宇宙图景呈现在了大众面前，从事实角度解释了爱因斯坦的广义相对论。为了便于理解，我们可以想象宇宙是一个正在膨胀的气球，而星系是气球表面上的点，人类就住在这些点上。如果宇宙不断膨胀，也就是说，气球的表面不断地向外膨胀，则表面上的每个点彼此就会离得越来越远；其中某一点上的某个人将会看到其他所有的点都在退行，而且距离越远的点退行速度越快。

🪐 宇宙大爆炸

哈勃空间望远镜观测到星系正在分开，宇宙处于膨胀状态，这表明它们过去曾经更加靠近。科学家推论，大约在150亿年前，宇宙中所有的物质都相互集中在一起。那时的宇宙是一大片由微观粒子构成的均匀气体，温度极高，密度极大，且以很大的速率膨胀着。而这种膨胀使得温度降低，原子核、原子乃至恒星、星系得以相继出现。

爱因斯坦并不完全认同大爆炸宇宙论。他认为，如果人们随着星系的运动在时间上回溯过去，则膨胀宇宙的简单模型将会失效，因为星系很小的斜向速

宇宙微波背景辐射

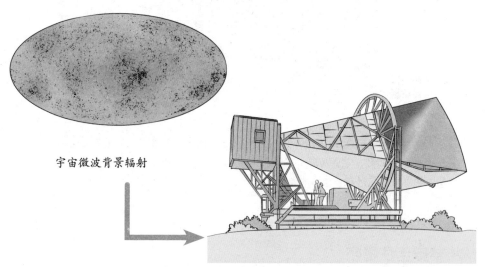

宇宙微波背景辐射

彭齐亚斯和威尔逊当年发现宇宙微波背景辐射时使用的天线

度将会使它们相互错开。爱因斯坦说："宇宙也许早先有过一个收缩相，在一个相当适度的密度下反弹成现在的膨胀。"

然而，随着彭齐亚斯和威尔逊偶然发现宇宙微波背景辐射，大爆炸宇宙论得到了更准确的事实验证，原因是宇宙微波背景辐射的温度和大爆炸宇宙论预言的温度非常接近。这说明，广义相对论预言宇宙从大爆炸起始，而爱因斯坦理论可能隐含着时间有一个开端。

从大爆炸到膨胀

至于现在的宇宙会一直膨胀下去，还是会在某一时刻转为收缩，也是众说不一的命题。

大爆炸之后，先是生成细小的微粒，继而聚集成大团的物质，最终形成星系、恒星和行星等，也就是我们现在所在的宇宙的样子。

大约50亿年前，宇宙膨胀从减慢变为加速。

在辐射诞生时刻，宇宙膨胀开始减慢。

宇宙开始时以很快的速度膨胀着。

宇宙中所有的物质都高度集中到一点，从这个极小的点诞生了空间、时间、质量和能量。

7. 相对论预言：
时间结束在黑洞尽头

当一个大质量恒星到达其生命终点，恒星将会继续收缩直至它们坍缩成黑洞，任何物质和光都无法逃逸出来，而时间将会到达尽头。

🪐 恒星的收缩

关于恒星收缩到达其生命终点之后的变化，爱因斯坦和霍金有着不同的观点。爱因斯坦认为，当恒星不能产生足够的热去平衡其自身使它收缩的引力时，它将会在某一终态安定下来；而霍金则进一步认为，对于比太阳质量两倍还大的恒星，并不存在终态的构型。这类恒星将会继续收缩，直至最终坍缩成黑洞。霍金的观点是有事实依据的，2019 年 4 月 10 日，人类首张黑洞照片面世，从事实角度证实了黑洞的存在。

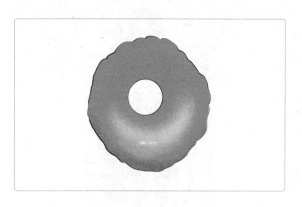

人类首张黑洞照片

该黑洞位于室女座一个巨椭圆星系 M87 的中心，距离地球 5 500 万光年，质量约为太阳的 65 亿倍。它的核心区域存在一个阴影，周围环绕一个新月状光环。爱因斯坦广义相对论被证明在极端条件下仍然成立。

🪐 黑洞的形成

黑洞的产生过程类似于中子星的产生过程。当某一颗恒星准备坍缩时会发生强力爆炸。当核心中所有的物质都变成中子时，收缩过程会立即停止，被压缩成一个密实的星体，同时也压缩内部的空间和时间。但在黑洞情况下，由于恒星核心的质量大到会使收缩过程无休止地进行下去，连中子间的排斥力也无法阻挡，中子本身在挤压引力自身的吸引下被碾为粉末，剩下来的是一个密度

黑洞的产生过程

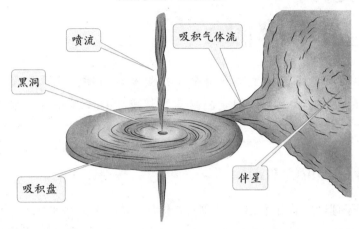

高到难以想象的物质。由于高质量而产生的引力，使得任何靠近它的物体都会被它吸进去，即使是光线也无法逃逸。

🪐 黑洞与广义相对论方程

霍金和彭罗斯的研究证明，根据广义相对论预言，无论是恒星、小行星，还是某位可怜的宇航员，其时间在黑洞中都将到达终点。但这其中有一个值得注意的问题，在时间的开端或者终结处，广义相对论方程将失去作用，因此该理论不能预言从大爆炸中会出现什么。

对于从事科学研究的物理学家而言，这是不能接受的，物理学家不会将宇宙创生视作上帝随心所欲的游戏。相反，大多数物理学家和霍金认为，宇宙的开端应受在其他时刻成立的同样定律的制约。

宇宙诞生时间

$$普朗克时间 = \frac{普朗克长度}{光速}$$

所谓的普朗克时间，是指时间的最小间隔。宇宙创生的最短时间就是普朗克时间，再没有比这更短的时间段了。宇宙诞生在微小的 10^{-43} 秒中。

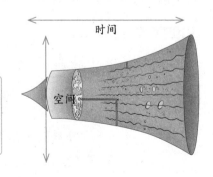

8. 量子力学:
"上帝不掷骰子"

爱因斯坦终其一生都没有全盘接受量子力学。然而,量子理论却能解释一大批早先未能阐明的现象,解决了科学界诸多难题。

量子理论的发端

量子理论最早由马克斯·普朗克在柏林发现。他在 1900 年的研究中指出,如果光只能以分立的被称为量子的波包发射或者吸收,就可以解释来自一个炽热物体的辐射。

到了 1905 年,爱因斯坦将这一理论引入他的开创性论文中,其中一篇指出,普朗克的量子假设可以解释所谓的光电效应,并给出了光子的能量、动量

光电效应

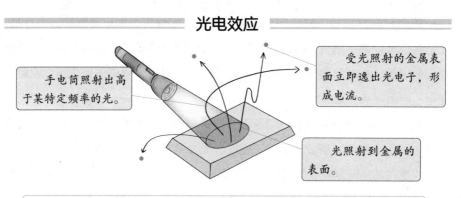

手电筒照射出高于某特定频率的光。

受光照射的金属表面立即逸出光电子,形成电流。

光照射到金属的表面。

光电现象由德国物理学家赫兹于 1887 年发现,而正确的解释为爱因斯坦所提出,对发展量子理论及提出波粒二象性的设想起到了根本性的作用。

爱因斯坦光电效应公式:

$$E_k = h\nu - W_0$$

E_k 代表逸出电子的最大动能。

h 代表普朗克常数。

ν 代表入射光子的频率。

W_0 代表逸出功。

与辐射的频率和波长的关系。正是因为爱因斯坦在这方面的贡献，使他获得了诺贝尔物理学奖。

量子力学的新图像

随着量子理论研究的持续深入，量子力学有关实在的新图像被发现，即微小的粒子不再具有确定的位置和速度。这就是说，我们所理解的宏观世界，进入到微观领域，发生了颠覆性的变化。例如，我们能理解弓射出一支带有红色羽毛的箭，这支箭的轨道和运动速度是确定的。然而量子力学却说："不，构成箭的微小粒子在量子领域下，运动轨道、最终位置和速度都是不能确定的。"

双缝实验

双缝实验是演示光子或电子等微观物体的波动性与粒子性的实验。双缝实验的结果，可以很好地说明量子力学的不确定性。

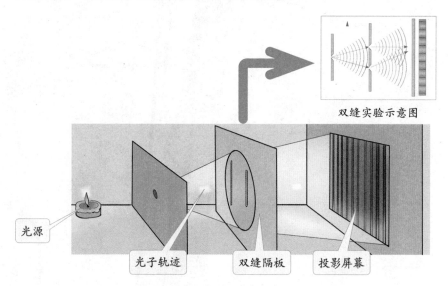

双缝实验示意图

光源

光子轨迹　　双缝隔板　　投影屏幕

爱因斯坦对量子力学的新图像感到困惑，就像他的著名格言所表达的"上帝不掷骰子"。但这并不能阻碍量子力学的发展，新的量子定律能够解释诸多原先不能解释的现象，并与观测完美地符合。

量子理论对世界产生的深远影响，并不亚于爱因斯坦的相对论。可以说，量子理论是现代化学、分子生物学和电子学发展的基础。正是这些技术，改变了近五十年来的世界。

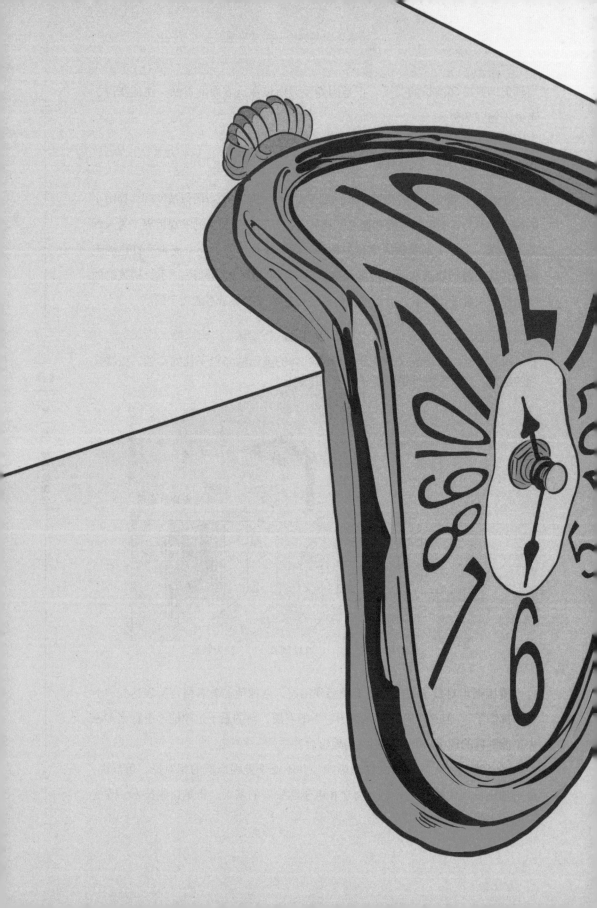

第 二 章

时间的形状

永恒是很长的时间，特别是对尽头而言。

——史蒂芬·霍金

1. 科学漫谈：
时间到底为何物

　　世间万物没有任何东西像时间和空间那么使我困惑。然而，因为我从来不去思考时间和空间，所以它们带给我的烦恼比任何其他东西都少。

——19世纪英国作家查里斯·兰姆

🪐 什么是时间

　　几乎每个人，都能对时间下一个定义，并确定自己的解释拥有着充分的证明。例如，当你看到太阳从东方升起，到中午时停留在天空的中央，向地球发出炽热的光芒，你会说，这是时间的痕迹；当你乘坐地铁经过一个个站台，看到人群穿梭上下，你会说，这是时间的痕迹；当你沉醉地思念着某个人，桌上

时间的"形状"

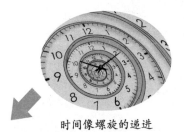

时间像螺旋的递进

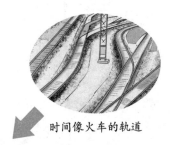

时间像火车的轨道

若时间呈海螺的形状，由大向小递进，或由小向大递进，则时间便存在着开始和终结。

若时间有着回环的轨道，便不存在特定的开始或终结。轨道上的每个位置既是开始，也是终结。

的咖啡从温热变得冰凉，你会说，这是时间的痕迹。但是，我们无论用何种方法证明什么是时间，都需要借助物质运动、变化的持续性和顺序性的表现来说明时间的概念。

在物理学家的眼中，定义时间却没有这么简单。时间是一条直线？时间有开始和终结？时间或许有环状侧线和分岔，就像火车一样可以一直前进，也可回到线上早先经过的站；时间或许有旋转的螺纹，就像海螺外壳一样，有着明显的递进关系。

🪐 科学理论的数学模型

在物理学中，给时间下定义不仅需要一个具有说服力的科学理论，同时需要可操作的科学实验来证明。没有得到观测证实的科学理论，总是无法完全令人信服。这就是卡尔·波普和其他人提出的实证主义的方法。

卡尔·波普

卡尔·波普出生于奥地利维也纳，是当代西方最有影响的哲学家之一，他的研究范围很广，涉及科学方法论、科学哲学、社会哲学、逻辑学等。波普的一生有两部重要的著作，分别是《科学研究的逻辑》和《开放社会及其敌人》。前一本书标志着批判理性主义的形成，后一本书则轰动了西方哲学界和政治学界。

在这种思维的主导下，科学理论首先是一种自洽的数学模型，它能在一些简单假设的基础上描述大范围的现象，也就是说做出某种预言。其次，如果科学理论的数学模型做出的预言和实际观测相符，则该理论在这个检验下就会被确认。如果科学理论的预言和实际观测相抵触，那么必须将该理论抛弃或者加以修正。

因此，当人们提出时间究竟为何物时，采用实证主义的物理学家是不能给出一个标准答案的。物理学家所能做到的，是将所发现的东西描述成一种非常好的关于时间的数学模型，从而说明它能预言什么。

2. 牛顿模型：
时间是一根无限长的线

艾萨克·牛顿在他1687年出版的《自然哲学之数学原理》一书中，为我们给出了时间和空间的第一个数学模型。

🪐 艾萨克·牛顿简史

1643年1月4日，艾萨克·牛顿出生在英国林肯郡的伍尔索普村。在他出生10天前，意大利伟大的物理学家、天文学家伽利略在罗马刚刚去世。一个伟人的离世，带来了另一个伟人的新生。历史在这样的巧合间，似乎在诉说着某种科学传奇。

牛顿小时候并没有表现得比常人更聪明，甚至还有点儿笨。如果说他与其他同龄孩子有何不同，或许是牛顿从小便喜欢读书，尤其是阅读一些介绍各种简单机械模型制作方法的读物。他从中受到启发，制作了一些奇奇怪怪的小玩意儿。

牛顿设计的猫洞

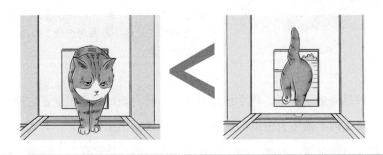

据说牛顿小时候曾为家中的两只猫做了一大一小两个门洞，让大猫走大洞，小猫走小洞，结果两只猫都走大一点的门洞。小时候的牛顿虽然喜欢发明创造，但似乎对猫的习性并不了解。

到了1661年，牛顿中学毕业后以优异的成绩被推荐到剑桥大学三一学院。他极其勤奋地读书、思考，研究了大量关于自然哲学、数学和光学方面的著作。

图解果壳中的宇宙

不久他的指导老师就发现这个学生的学识已经超过了自己。1667年，年仅25岁的牛顿当选为三一学院院士，两年后成为著名的"卢卡斯数学教授"。

牛顿桥

剑河上的牛顿桥据说是牛顿设计的，但实际上设计者另有其人。

1665—1666年，英国爆发鼠疫，各大学师生都被疏散，牛顿回到家乡。在18个月中，牛顿度过了一生中最富有创造力的阶段。

传说牛顿在家乡躲避鼠疫期间，一次在苹果树下读书的时候，被掉下的苹果砸中了脑袋，这促使他思考苹果为什么会落地而不是飞向天空，从而最终发现了万有引力。牛顿本人对这一传说不置可否。人们对这个故事津津乐道，牛顿的苹果也成为科学史上最著名的苹果。

万有引力定律

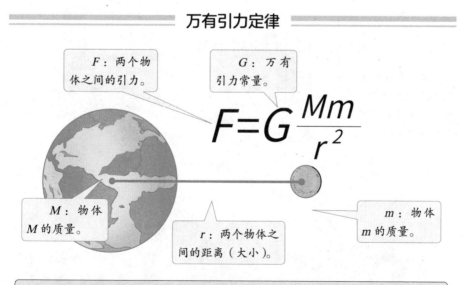

F：两个物体之间的引力。

G：万有引力常量。

$$F=G\frac{Mm}{r^2}$$

M：物体 M 的质量。

r：两个物体之间的距离（大小）。

m：物体 m 的质量。

任意两个质点通过连心线方向上的力相互吸引。该引力大小与它们质量的乘积成正比，与它们距离的平方成反比，与两物体的化学组成和其间介质种类无关。

牛顿于 1672 年当选为英国皇家学会会员，这一学会成立于 1660 年，旨在促进自然科学的发展。1703 年当选为皇家学会主席，后来因健康原因辞去皇家学会主席，担任主席一职长达二十年。有趣的是，自 1915 年以后，每任皇家学会主席都是诺贝尔奖获得者。

☄ 作为背景存在的时间

时间和空间在牛顿模型中是事件发生的背景，且这种背景是不受事件影响的。牛顿在他的《数学原理》一书中，提出了牛顿运动定律和万有引力定律，由此奠定了他在物理学史上的重要地位。同时，该书的出版也意味着经典力学的成熟。

牛顿经典力学的背景正是被"固定"的时间和空间。这就是说，时间在这里被认为是永恒的，并不存在一个开端或者终结，它已经存在并将存在无限久。在牛顿的数学模型中，时间和空间相互分离，两者之间没有必然的联系。时间

━━━━ 时间是绝对的 ━━━━

绝对时间是指在牛顿的时空观中，时间是绝对的，与任何特殊的参考系无关。静止安放在不同惯性系中的时钟，对同一运动过程的计时结果是相同的。

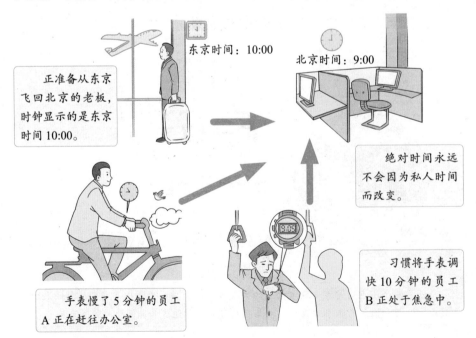

东京时间：10:00

北京时间：9:00

正准备从东京飞回北京的老板，时钟显示的是东京时间 10:00。

绝对时间永远不会因为私人时间而改变。

手表慢了 5 分钟的员工 A 正在赶往办公室。

习惯将手表调快 10 分钟的员工 B 正处于焦急中。

被认为是一条单独的线，或者是两端无限延伸的铁轨，它独立于在宇宙中发生的事件。

☄ 康德的忧虑

与牛顿同时代的大多数人，并不认同牛顿的绝对时空观，他们认为有形宇宙是在几千年前以多少和现状相同的形态创生的。这引起了德国思想家伊曼努尔·康德的忧虑。康德关于宇宙时空的创生提出了三个问题：其一，如果宇宙是被创生的，那么为何要在创生之前等待无限久？其二，如果宇宙已经存在了无限久，为何将要发生的每件事没有早发生，使得历史早已完结？其三，为何宇宙尚未到达热平衡，使得万物都具有相同温度？这就是康德著名的"纯粹理性的二律背反"。根据康德提出的问题，我们不难看出，他和牛顿持有相似的观点，即时间从空间中独立出来，并且它是永恒的。

伊曼努尔·康德

重要著作：《纯粹理性批判》《实践理性批判》和《判断力批判》。

思想：康德学说深深地影响了近代西方哲学，并开启了德国古典哲学和康德主义等诸多流派。

生活：康德生活极其规律，每天早上5点起床，晚上10点准时睡觉，从不浪费一点时间。

伊曼努尔·康德（1724—1804）出生在德国柯尼斯堡，是德国著名哲学家和作家。

纯粹理性的二律背反

关于时间与空间的二律背反		关于宇宙成因的二律背反	
正命题	宇宙在时间上有起点，在空间中也有限制	正命题	在宇宙中或与宇宙相关的地方有一个绝对必然的东西是宇宙的一部分或是宇宙的成因
反命题	宇宙没有起点，在空间中也没有任何限制；它在时间与空间中都是无限的	反命题	在宇宙中或在宇宙外没有一个绝对必然的东西造就了宇宙

3. 广义相对论模型:
一个崭新的时空观

　　继牛顿时空观提出两百多年后,爱因斯坦提出了一种崭新的数学模型:广义相对论。该理论改变了人们对时间和空间的理解,对世界产生了深远的影响。

☄ 时间维和空间的三维

　　爱因斯坦在 1915 年的革命性论文中提出了广义相对论。该理论把时间维和空间的三维合并形成了四维时空。这是人类历史上,首次在科学中将时间和空间融合到一起。时间不再独立于空间而存在,时间也不再被赋予无限久、无限长,在这里,时间和空间有着千丝万缕的联系,这就是爱因斯坦提出的新的时空观。

　　爱因斯坦的时空观将牛顿提出的引力效应表达为:宇宙中物质和能量的分

什么是四维时空

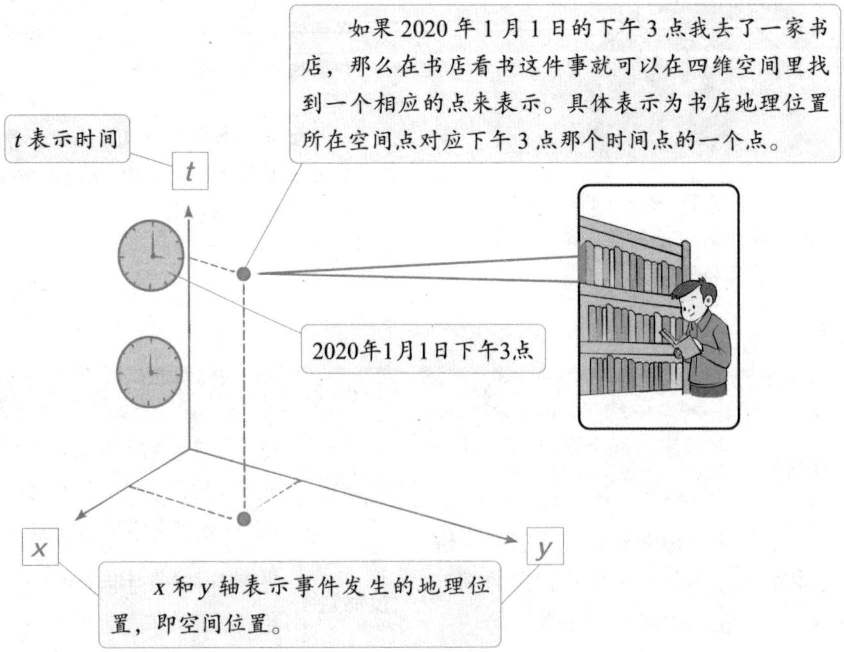

如果 2020 年 1 月 1 日的下午 3 点我去了一家书店,那么在书店看书这件事就可以在四维空间里找到一个相应的点来表示。具体表示为书店地理位置所在空间点对应下午 3 点那个时间点的一个点。

t 表示时间

2020年1月1日下午3点

x 和 y 轴表示事件发生的地理位置,即空间位置。

布引起时空弯曲和变形，使之不再平坦。这代表，在牛顿模型中作为背景的时间和空间，在爱因斯坦模型中主动参与到了事件中。如果宇宙中的某颗大质量恒星坍缩成黑洞，则该恒星附近的时空将会发生极度扭曲。

在爱因斯坦的时空观对引力不一样的认识中，我们会发现时间的一些有趣现象。在爱因斯坦的广义相对论中有一个很奇妙的结论：空间弯曲越大，时间流淌越慢。很多人都在追求所谓的长生不老或者永葆青春，所以如果我们能够活在靠近空间弯曲更大的地方，那么自然会消耗更短的时间。

《星际穿越》里的时空

在我们观看电影《星际穿越》时，我们看到当主人公库珀回来的时候，时间几乎没有在他身上产生任何变化，而他的女儿却已经变成了一个老太太。

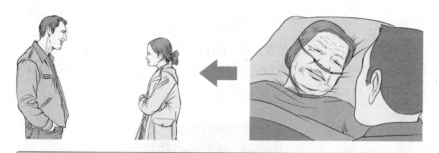

按照物理法则来计算，他们在米勒星球的 1 小时相当于地球上的 7 年，这个时间被拉伸了 6 万倍。按照广义相对论的解释就是，米勒星球其实更靠近空间弯曲更大的黑洞附近。

橡皮膜的譬喻

为了便于理解爱因斯坦的时空弯曲，我们做一个简单的比喻。请想象一张橡皮膜，当橡皮膜上没有任何物体的时候，它是平坦且光滑的。然后我们把一个直径较大、质量较重的大球放到橡皮膜上，大球会向下塌陷，使橡皮膜呈现出内凹的弧度。我们将这个大球比喻为太阳，将橡皮膜凹陷的区域比喻为被太阳弯曲的时空。

紧接着我们将一颗小滚珠放到橡皮膜上，它会沿着橡皮膜的凹陷弧度，围绕大球做圆周运动。我们将这颗小滚珠比喻为地球，它的运动过程就像行星绕日公转一样。这个例子可以生动地阐释时空弯曲对物体运动的影响。

之所以说这是一个简单的比喻，是因为这个例子是不完整的。首先，橡皮膜和小滚珠之间存在着摩擦力，而地球和弯曲的时空之间并没有所谓的摩擦力。其次，这个例子中只有空间的两维截面（橡皮膜表面）是弯曲的，而时间并没有受到干扰。

🪐 意识中的时间

除了宇宙中的空间存在弯曲，还存在着一个非常重要的时间弯曲，它存在于我们的意识当中。例如，我们常常感觉愉快的时间特别短暂，一转眼就消逝了；而悲伤的时间，却似乎永远持续着。这个关于意识中时间长度不对等的问题，曾被广泛地研究——关注统筹心理活动的神经系统。

时间知觉

时间知觉是人们对客观现象延续性和顺序性的感知。人们总是通过某种度量时间的媒介来感知时间。度量时间的媒介主要分为外在标尺和内在标尺两种，它们的作用在于为人们提供关于时间的信息。

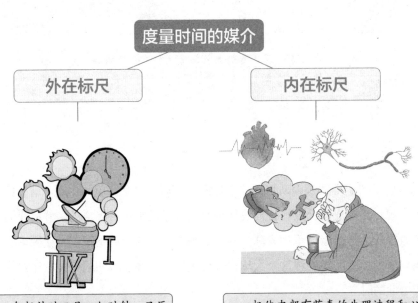

度量时间的媒介

外在标尺

内在标尺

包括计时工具，如时钟、日历等；也包括宇宙环境的周期性变化，如太阳的升落、月亮的盈亏、昼夜的交替、季节的重复等。

机体内部有节奏的生理过程和心理活动，如心跳、呼吸、消化及记忆表象的衰退等。神经细胞的某种状态，也能够成为时间信号。

心理学家研究发现，计时器测量的时间与估计的时间不完全一致，这说明时间知觉与活动内容、情绪、动机以及态度有关。一些实验表明，时间知觉明显地依赖于刺激的物理性质和情境。

🪐 赋予时间以形状

广义相对论认为，宇宙中到处存在着弯曲的空间，而时间和空间难解难分地纠缠在一起。这就赋予了时间以形状。虽然直到现在，科学家也难以描绘出时间的形状，但可以肯定的是，时间的形状与牛顿模型中的时间完全不同。

在牛顿理论中，时间独立于宇宙中的空间和物质而存在。因此那个时代的人们常常会问：上帝在创造宇宙之前做了什么？当人们认为时间永恒地独立于世间万物之外，这的确是个较为深刻的问题。但是，在爱因斯坦没有提出广义相对论之前，也有人阐述过非常有洞见的观点。这个人便是古罗马帝国时期的天主教思想家奥古斯丁。

奥古斯丁认为，在世界开端之前时间并不存在。"在上帝创造天地之前，它根本无所作为。"当我们站在 21 世纪重新审视这一观点时，发现它已经和现代观念非常接近。我们不得不对他肃然起敬。

奥古斯丁

奥古斯丁（354—430）是古罗马帝国时期天主教思想家，欧洲中世纪基督教神学、教父哲学的重要代表人物。

重要著作：《忏悔录》《论三位一体》《上帝之城》《论恩宠与自由意志》《论美与适合》等。

思想：他认为时间是主观的。时间只有当它正在经过时才可以被衡量。一切时间都是现在，因为实在存在的既非过去也非未来，现在的一瞬间就是时间。

生活：奥古斯丁在相信基督以前，爱好世俗文艺，对古希腊罗马文学有深刻研究，曾担任文学、修辞学教师。在这之后，他把哲学和神学调和起来，以新柏拉图主义论证基督教教义。

4. 神秘的奇点：
时间在这里开始或终结

　　广义相对论的数学模型能计算得出时间具有开端或终结的解，这为物理学家提供了新的思考方向。或许宇宙中的大部分物质都从一个点中涌出，这样的拥有无限密度的点就是奇点。

🪐 两种观点

　　关于时间是否存在开端或终结，在科学界一直存在着两种不同的观点。一方面，许多理论物理学家认为，从时间维度讲，无论过去还是将来，时间在两个方向都必须是无限的，否则就会引起有关宇宙创生的令人不安的问题。长久以来，人们似乎对宇宙创生这一问题感到棘手，人们更愿意回避这个问题，而不是正面去求证或解答。

有关时间的两种思考

时间是无限的

时间有开端或终结

　　时间就像是一条火车铁轨，两端在宇宙中无限延伸，这样便不存在所谓的宇宙创生问题。宇宙将一直存在，而时间在其中将存在无限久。

　　如果人们在时间的相反方向将宇宙倒溯回去，会发现宇宙中大部分物质都从奇点涌出，这或许就是时间的开端。

另一方面，一些物理学家通过广义相对论的数学模型求解，得出时间具有开端或者终结。虽然这些解都是非常特殊的，具有大量的对称性，但是这也说明，纯粹客观的数学模型，正在试图证明时间也有"界限"。

● 重叠的星系

哈勃空间望远镜观测到宇宙一直处于不断膨胀中，这说明过去的宇宙比现在的小。我们以两个星系为例，根据哈勃定律向若干亿年前推演，时间越往前推，它们之间的距离越短，相对远离的速度越慢。当这个值达到极限的时候，它们之间远离的速度就变为 0，之间的距离也变为 0。也就是说，在久远的时间以前，这两个星系是重叠在一起的。

我们继续丰富想象力，把这种推演从单一的两两重叠，推进到宇宙中任意星系之间的重叠上。这就像人们在看电影时的倒带过程，当时间向过去延伸的时候，星系之间的运动是相互趋近式的。而且时间越早，它们之间的距离越短，靠近的

宇宙历史的胶片电影

假如宇宙历史可以被胶片拍摄成一部完整的电影，通过倒带播放，我们便可清晰地看到宇宙的形成。科学家也就可以停止无休止的猜测和争论了。

如果存在一场宇宙历史的电影，它会呈现给我们什么样的图景影像呢？如果说现在的宇宙是膨胀出来的，那么把电影胶带倒回去，宇宙就是收缩相。

现在我们知道，星系之间是相互远离的。那么。回溯过去，星系之间应当是相互靠近的。在一段时间内，靠近的速度越来越小。

星系之间的距离越来越小，在极限处距离缩小为 0，星系都聚集在一处，密度无限大。这样的影像是宇宙空间和时间的真实样子吗？

速度越小。当向前推进的时间达到无限大的时候，所有的星系都会重叠在一起。

🪐 什么是奇点

物理学上的奇点，多见于描述黑洞中的情况。广义相对论中，黑洞内部有一个奇点，在这一点上密度和曲率是无穷大的。大爆炸宇宙论认为，大爆炸的时候有一个初始奇点，大坍缩的时候有一个终结奇点，密度和曲率也都是无穷大的。实际上，奇点在广义相对论中是个很严重的问题，因为绝大多数时空模型都有奇点。

黑洞里的奇点

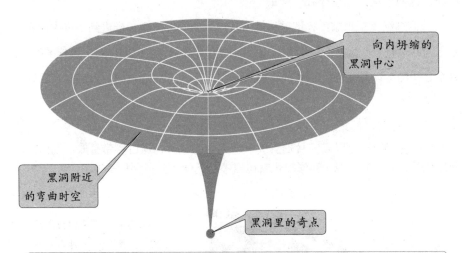

向内坍缩的黑洞中心

黑洞附近的弯曲时空

黑洞里的奇点

引力奇点是大爆炸宇宙论所说的一个"点"，即"大爆炸"的起始点。该理论认为宇宙是从这一"点"的"大爆炸"膨胀而形成的。奇点是一个密度无限大、时空曲率无限大、热量无限高、体积无限小的"点"，一切已知物理定律均在奇点失效。

当时苏联的一些科学家认为，奇点其实是我们把对称性想得太好造成的。例如，黑洞中心有一个奇点，是因为我们把黑洞想象成星体做精确的球对称坍缩时形成的，结果就缩成一个点。但是，如果一个不是很标准的完美球对称坍缩为奇点的话，星体中的物质就会从中间交叉错过去，也就不会形成奇点。因此，苏联的一些科学家认为，奇点是一个偶然的现象，只不过因为我们把对称性想象得太美好才出现的。

图解果壳中的宇宙

奇点与时间

英国物理学家彭罗斯不同意苏联科学家的观点，他提出一个新的概念，即奇点是时间开始或结束的地方。白洞里面的奇点是时间开始的地方，黑洞里面的奇点是时间结束的地方；宇宙大爆炸的初始奇点是时间开始的地方，大坍缩奇点则是时间结束的地方。

彭罗斯针对这个定义证明：一个合理的物理时空，如果因果性成立，有一点儿物质，等等，在这些合理的条件之下，时空至少有一个奇点。或者说至少有一个过程，时间是有开始的，或者是有结束的，或者既有开始又有结束。

彭罗斯将奇点和时间联系在一起，是一个重要的创举。这意味着物理学不再局限于科学领域，而是与哲学和神学相互融合，对一些最本质的问题进行研究和探讨。

奇点理论

彭罗斯认为，宇宙的最初是奇点，然后发生大爆炸，接着由于大爆炸的能量而形成了一些基本粒子。这些基本粒子又在能量的作用下，逐渐形成了宇宙中的各种物质。

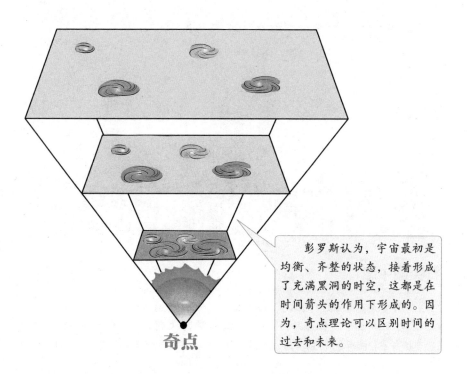

奇点

彭罗斯认为，宇宙最初是均衡、齐整的状态，接着形成了充满黑洞的时空，这都是在时间箭头的作用下形成的。因为，奇点理论可以区别时间的过去和未来。

5. 光锥回溯：
我们的过去是梨子形状的

霍金是继彭罗斯之后，对奇点定理做出重要贡献的另一位科学家。他和彭罗斯一起站在时空的全局结构上对宇宙过去进行了更权威的解读。

🪐 史蒂芬·霍金简史

1942 年 1 月 8 日，史蒂芬·霍金出生在英国牛津。关于霍金的出生，有一段有趣的故事。1942 年正值第二次世界大战，英国和德国相互约定，英国的飞机不炸德国的格丁根和海德堡，德国的飞机不炸英国的牛津和剑桥。因此，霍金的母亲为了孩子顺利出生，来到牛津生下了霍金。巧合的是，史蒂芬·霍金出生的日子，正是伽利略逝世 300 周年。在霍金的一生中，他常常饶有趣味地谈到这一点。

英国牛津

牛津是英国历史文化名城，早在公元 7 世纪起便有人居住，公元 9 世纪建立城市，距今已有 1 100 多年的历史。牛津闻名世界是因为它有着世界一流的学府牛津大学和遍布各处的古迹。史蒂芬·霍金的大学时代便是在牛津大学度过的。

霍金的父母虽然都毕业于牛津大学，但家庭并不很富有。父亲从事生物医学相关的职业，母亲则是学文秘的。霍金在一家中等偏上的中学读书，学校的教育制度很严格，有着严厉的升降级制度。如果考试成绩不理想，将会被下调到最差的班级。霍金后来回忆这段时光说，他并不赞同这种制度，对于掉下去的那部分学生而言，打击实在是太大了。

在学校里，霍金的学习成绩一般，但热衷于谈论宇宙。有时他对同学谈起宇宙红移，有时质问宇宙创生需不需要上帝帮忙呢。同学们因此送他一个外号，叫"爱因斯坦"。

后来，霍金成功地考上了牛津大学，并且认识了自己的第一任妻子简·怀尔德。也正是因为与妻子简·怀尔德之间的爱情，使霍金战胜了大学最后一年检查出来的进行性肌肉萎缩，当时的医生评价这个病为不治之症。

霍金和他的妻子

1964 年 10 月，霍金与简结婚。霍金后来感言，这改变了他的人生，给予他人生的动力。简觉得，她要寻找她存在的目的，她猜想这目的应是照顾霍金。霍金和简共生育了三个儿女，大儿子罗伯特生于 1967 年，老二露西生于 1969 年，老三蒂莫西则生于 1979 年。

霍金从牛津大学毕业后进入剑桥大学攻读研究生，在导师西阿玛的介绍下，他认识了彭罗斯。当时彭罗斯正在伦敦的一所大学里工作。到了 1970 年，霍金和彭罗斯合作提出并证明了奇点定理，因此获得了沃尔夫物理学奖。霍金被誉为继爱因斯坦之后世界上最著名的科学思想家和最杰出的理论物理学家。

把霍金的一生进行总结，对科学界贡献主要表现在三个方面：其一是对奇点定理做出了贡献；其二是黑洞面积定理，他认为黑洞的表面积随着时间流逝只能增加不能减少；其三是证明了黑洞有热辐射，也就是霍金辐射。这是霍金最重要的成就。

🪐 像光锥一样回溯过去

霍金和彭罗斯依据广义相对论，对宇宙过去的时空进行了研究，考虑到光线在时空中的传播需要时间，我们此刻接收到的光线，实际上是遥远星系的早期情景。我们将这种回溯过去的方式想象成一个光锥，我们此刻所处的位置和时间是光锥的顶点；若我们向下顺着光锥回看，就能看到越来越早的星系。我们回溯过去之所以可以看到更多早期的宇宙图景，是因为宇宙过去是一个收缩相。

光锥视角

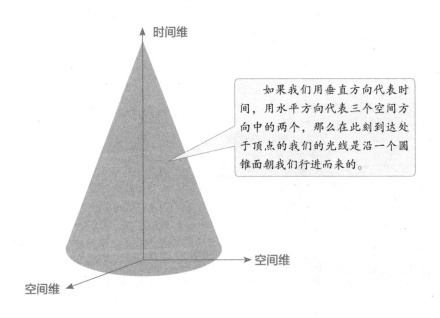

如果我们用垂直方向代表时间，用水平方向代表三个空间方向中的两个，那么在此刻到达处于顶点的我们的光线是沿一个圆锥面朝我们行进而来的。

霍金和彭罗斯进一步思考，若我们回溯过去穿越到 50 亿年前的星系，穿过宇宙微波背景，就会到达一处以时间为节点的物质密度更高的区域，这里过去光锥的截面会达到最大尺度。根据广义相对论原理，物质密度越高，空间的曲率将会越高。因此，早期宇宙从光锥的最大截面开始，将会急剧内缩，在有限的时间内缩小到零尺度。这里就是宇宙的开始，大爆炸的奇点。如果用物质形状来描述我们的过去，那就是梨子形状。

这在某些方面得到了事实观测的证实。霍金和彭罗斯在研究微波辐射的暗淡背景时发现，这种辐射来自久远以前的宇宙，而那时的宇宙比现在密集得多，也热得多。说明在宇宙的极早时期，这种辐射必须起源于对微波不透明的区域。

图解果壳中的宇宙

梨子形状的过去宇宙

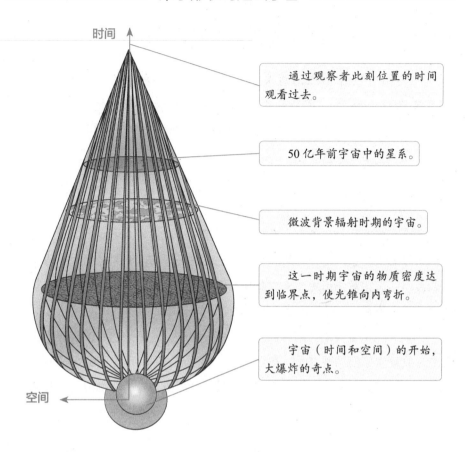

时间

通过观察者此刻位置的时间观看过去。

50亿年前宇宙中的星系。

微波背景辐射时期的宇宙。

这一时期宇宙的物质密度达到临界点，使光锥向内弯折。

宇宙（时间和空间）的开始，大爆炸的奇点。

空间

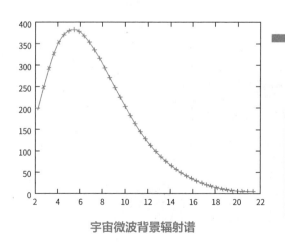

宇宙微波背景辐射谱

宇宙微波背景辐射谱是典型的热体辐射谱。为了使辐射处于热平衡，物体一定将它散射了多次。这表明在我们的过去光锥上一定有足够的物质使它向内弯折。

6. 量子引力场：
解释宇宙区域的边界

广义相对论在奇点附近失去作用，致使一部分物理学家不认同时间具有开端或终结。霍金和彭罗斯因此引入量子引力效应，解释宇宙的起源和命运。

🪐 奇点与量子引力效应

霍金和彭罗斯提出的奇点定理，表明宇宙从奇点处大爆炸产生了时间和空间。这里需要注意的是，时间和空间是融合在一起的，彼此之间并不独立。这种观点从广义相对论衍生而来。而在爱因斯坦提出广义相对论之前，物理学家乃至哲学家普遍认为时间是独立于空间之外的永恒存在。

因此，当霍金提出时间可能有开端或终结时，大多数物理学家并不认可和接受。物理学家们的观点是，在奇点附近的时空，经典理论的数学模型无法做出描述，也就是说无法做出证明。其中最为典型的是爱因斯坦广义相对论在奇点附近的时空失去作用。

量子引力论

量子引力论致力于将量子尺度下的微观世界和经典物理相结合，形成一个全面的、统一的大理论。例如，弯曲时空中的量子场论、圈量子引力等，都在尝试将量子理论和相对论完美结合。

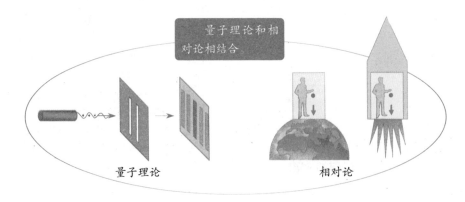

量子理论和相对论相结合

量子理论　　　　相对论

这迫使霍金需要提出一个可靠的物理理论来诠释奇点附近的时空。这个理论就是量子引力论。量子引力论试图将量子理论和相对论结合，诠释宇宙大爆炸的初始时空。事实上，量子引力论时至今日还处在研究阶段。

量子理论的不确定性

不确定性原理是量子理论的产物，最早由海森堡于 1927 年提出。该理论表示，你不可能同时知道一个粒子的位置和它的速度。粒子位置的不确定性，必然大于或等于普朗克常量的一定量，这表明微观世界的粒子行为与宏观物质很不一样。

普朗克常量

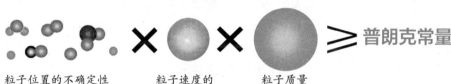

粒子位置的不确定性　　　　粒子速度的　　　粒子质量　　　≥ 普朗克常量
　　　　　　　　　　　　不确定性

这个不确定性来自两个因素：首先，测量某东西的行为将会不可避免地扰乱那个事物，从而改变它的状态；其次，因为量子世界不是具体的，但基于概率，精确确定一个粒子状态存在更深刻、更根本的限制。

如果想要测定一个量子的精确位置的话，就需要用波长尽量短的波，这样的话，对这个量子的扰动也会越大，对它的速度的测量也会越不精确；如果想要精确测量一个量子的速度，就要用波长较长的波，但就不能精确测定它的位置。

不确定性原理

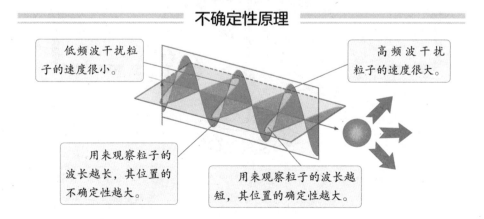

低频波干扰粒子的速度很小。

高频波干扰粒子的速度很大。

用来观察粒子的波长越长，其位置的不确定性越大。

用来观察粒子的波长越短，其位置的确定性越大。

7. 超对称理论：
四维之外的格拉斯曼维

20世纪70年代，物理学家发现了一种崭新的对称，这种对称被称为"超对称"。超对称理论的出现极大地改变了理论物理的景观，也给宇宙常数问题的解决带来了一线新的希望。

🪐 发现超对称

对于超对称的研究起源于1974年，物理学家将这一年称为"超对称诞生年"。在超对称理论中每一种基本粒子都有一种被称为"超对称伙伴"的粒子与

费米子和玻色子

180°

自旋为半奇数（1/2，3/2）的粒子统称为费米子。费米子满足泡利不相容原理。它们的基态能量是负的。

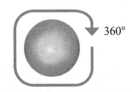

360°

自旋为整数（0，1，2……）的粒子统称为玻色子。玻色子不遵守泡利不相容原理。它们的基态能量是正的。

宇宙中的所有已知粒子可以分成两组：费米子和玻色子。玻色子的基态能量处于天平正的一端，而费米子处于天平负的一端。两者之间的能量相互抵消。

之匹配，超对称伙伴的自旋与原粒子相差 1/2，两者质量相同，各种耦合常数间也有着十分明确的关联。

超对称的魅力之一在于玻色子与费米子在物理性质上的互补，也就是说玻色子的超对称伙伴是费米子，费米子的超对称伙伴是玻色子。在一个超对称理论中，这种互补性可以被巧妙地用来解决高能物理中的一些极为棘手的问题。

🪐 格拉斯曼维

超对称是我们现代数学模型的一个特征，它可以用不同的方式来描述。其中的一种方式就是格拉斯曼维，时空除了我们体验到的维以外，还存在额外的维。

格拉斯曼变量

超过四维以外的维被称为"格拉斯曼维"，因为它们采用格拉斯曼变量的数而不用通常的实数来度量。通常的数是可交换的，但是格拉斯曼变量是反交换的。

通常的数：

$$A \times B = B \times A$$

格拉斯曼变量的数：

$$A \times B = -B \times A$$

物理学家建立了 $N=8$ 的超对称理论，认为这个宇宙除了四维之外，还有四维，这个八维宇宙叫超空间，然而这额外的四维不可被理解为时间或空间。就像我们在地球上只能感受到三维（上下、前后、左右），我们虽然知道时间的存在，但眼睛却看不到。所以，这个世界可能是八维的，却因为眼睛只能分辨三维，导致我们无法得知额外的维度。

物理学家认为，八维宇宙由费米子居住，物质可通过自旋由四维空间转入费米子居住的八维，又可由八维转回四维，即玻色子可转换成费米子，费米子可转换成玻色子，它们没有分别。我们之所以看到它们自旋不同，只不过是我们局限于四维而看不到八维的一个假象。

8. 超弦理论：
将引力和量子理论合并的试探

在众多试图将引力和量子理论合并起来的新理论中，弦理论曾被人们寄予厚望。理论物理学家宣称，超弦就是万物的理论。

🪐 两种弦理论

弦理论雏形最早在 1968 年被提出，指在解出强相互作用力的作用模式，但是后来的研究则发现了所有的最基本粒子，包括正反夸克、正反电子、正反中微子等，以及四种基本作用力"粒子"（强、弱作用力粒子、电磁力粒子以及重力粒子），都是由一小段不停抖动的能量弦线所构成，而各种粒子彼此之间的差异只是弦线抖动的方式和形状的不同而已。

在理论物理学中，弦理论包含了 26 度空间的玻色弦理论和加入了超对称性的超弦理论。到了 1990 年，爱德华·维顿提出了一个具有 11 度空间的 M 理论，他和其他学者找到强力的证据，证明了当时许多不同版本的超弦理论其实是 M 理论的不同极限设定条件下的结果，这些发现带动了第二次超弦理论革新。

超弦理论的价值

一、超弦理论是现在最有希望将自然界的基本粒子和四种相互作用力统一起来的理论。

二、超弦理论认为弦是物质组成的最基本单元，所有的基本粒子如电子、光子、中微子和夸克都是弦的不同振动激发态。

三、超弦理论第一次将 20 世纪的两大基础理论的广义相对论和量子力学结合到一个数学上自洽的框架里。

四、超弦理论有可能解决一些长期困扰物理学家的世纪难题，如黑洞的本质和宇宙的起源。

五、超弦理论的实验证实将从根本上改变人们对物质结构、空间和时间的认识。

为了大统一而存在

超弦理论自诞生之日起，便引起物理学界的重视。人们认为它很可能成为终极理论。目前，描述微观世界的量子力学与描述宏观引力的广义相对论在根本上存在冲突，广义相对论的平滑时空与微观下时空剧烈的量子涨落相矛盾，这意味着二者不可能都正确，它们不能完整地描述宇宙。而除了引力之外，量子力学已经成功描述了其他三种基本作用力：电磁力、强力和弱力。因此，超弦理论被理论物理学家重视，成为了可能解决量子引力的方案之一。

大统一理论

通过研究四种作用力（包括万有引力、电磁力、强相互作用力、弱相互作用力）之间的联系与统一，寻找能统一说明四种相互作用力的理论或模型被称为"大统一理论"。

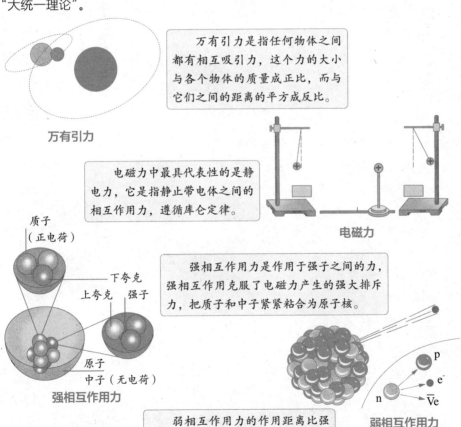

万有引力是指任何物体之间都有相互吸引力，这个力的大小与各个物体的质量成正比，而与它们之间的距离的平方成反比。

万有引力

电磁力中最具代表性的是静电力，它是指静止带电体之间的相互作用力，遵循库仑定律。

电磁力

质子
（正电荷）

下夸克

上夸克　强子

原子

中子（无电荷）

强相互作用力

强相互作用力是作用于强子之间的力，强相互作用克服了电磁力产生的强大排斥力，把质子和中子紧紧粘合为原子核。

p

e⁻

n　　V̄e

弱相互作用力

弱相互作用力的作用距离比强力更短，作用力的强度也比强力小得多，但在放射现象中起重要作用。

第 三 章

果壳中的宇宙

即便把我关在果壳之中，仍然自以为无限空间之王。

——威廉·莎士比亚

1. 无限大的宇宙:
我们只是浩瀚星辰中的一点

人类在宇宙面前是如此渺小,但有限的身体并不能阻碍自由的探索精神。我们站在地球上观测浩瀚的星系,试图揭开宇宙的神秘面纱。

🪐 宇宙的尺度

从宇宙角度看,环绕着太阳做近似圆周运动的地球是如此渺小,我们小小的行星家园迷失在无尽的宇宙中。但是,在过去几千年里,我们对宇宙以及自身所在之处取得了最惊人、最不可预料的发现,探索成果令人兴奋得难以自禁。宇宙充满简洁的真相、精妙的相互关系、不可思议的令人敬畏的机制,这一切都超出人类的揣度。

想要测量宇宙的尺度,无法用我们熟悉的地球上常用的距离单位,例如米或千米来表达。我们采用光速来测量距离,并将这种距离单位称为"光年"。

用来测量宇宙的光年

光年是指光在一年中穿越的距离,它不是时间的测量单位,而是距离单位,代表着非常大的距离。光在一年的时间里可以跨越差不多 10 万亿千米。

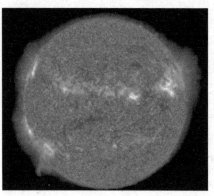

从太阳发出的光需要 8 分钟时间到达地球,我们可以说太阳到地球的距离是 8 光分。

光 1 秒可以行经 300 000 千米的距离,等于绕地球 7 圈。

图解果壳中的宇宙

☞ 宇宙中的星系

宇宙中有大约 1 000 亿个星系，平均而言每个星系都有大约 1 000 亿颗恒星。在全部星系中，行星的数目可能跟恒星一样多，也就是 $10^{11} \times 10^{11} = 10^{22}$，100 万亿亿个。如果我们所在的地球被随机插入宇宙中，会发现自己位于一颗行星或其附近的概率是 10 亿亿亿亿（10^{33}，即 1 的后面有 33 个零）分之一。在日常生活中，这种概率可谓低得令人惊叹。人类站在宇宙面前是如此渺小。

星系由气体、尘埃和恒星构成。每个恒星系统都是太空中的一个小岛，与周围邻居的距离要以光年计量。有些恒星可能会由几百万个无生命的岩质世界所围绕，它们是在演化早期就被冰封的行星系统；有些恒星也许拥有与我们的太阳系非常相似的行星系统：外围是巨大的有环的气态行星以及冰质行星，距离中心更近的地方是温暖的小体积行星，有着蓝天白云的世界。

仙女星系

仙女星系编号为 M31，直径 22 万光年，距离地球有 254 万光年，是距银河系最近的大星系。

两个矮椭星系

仙女星系和宇宙中大多数的旋涡星系一样，看起来像恒星、气体和尘埃构成的巨大风车。它有两个卫星星系，这两个矮椭星系被仙女星系所束缚，遵守的引力定律跟地球上的物理定律一模一样。

☞ 太阳系

太阳系以太阳为中心，囊括了所有受到太阳重力约束的天体。它包括 8 颗行星、至少 165 颗已知卫星、5 颗已经辨认出来的矮行星和数以万计的太阳系小天体。具体来说，它是以一颗黄矮星——太阳为核心，包括 4 颗类地行星，有许多小岩石块组成的小行星带，4 颗充满气体的类木行星，充斥着冰冻的小岩石的柯伊伯带，还包括黄道离散盘面与太阳圈，最远的是依然处于假说阶段的奥尔特云。

在太阳系中，水星和金星属于内行星，它们要比地球更接近太阳。火星、木星、土星、天王星和海王星则在地球围绕太阳公转轨道之外。

太阳系的结构

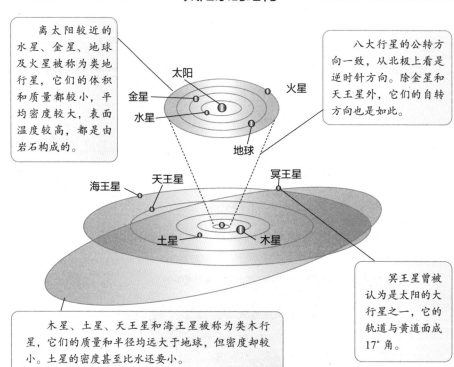

离太阳较近的水星、金星、地球及火星被称为类地行星，它们的体积和质量都较小，平均密度较大，表面温度较高，都是由岩石构成的。

八大行星的公转方向一致，从北极上看是逆时针方向。除金星和天王星外，它们的自转方向也是如此。

冥王星曾被认为是太阳的大行星之一，它的轨道与黄道面成17°角。

木星、土星、天王星和海王星被称为类木行星，它们的质量和半径均远大于地球，但密度却较小。土星的密度甚至比水还要小。

在火星与木星之间有超过100万颗小行星。据推测，它们可能是由位置介于火星与木星之间的某一颗行星碎裂而形成的。

柯伊伯带是含有许多小冰晶的盘状区域，距太阳约30～100个天文单位。它们是原始太阳星云的残留物，也是短周期彗星的来源。

奥尔特星云是一个假设的包围着太阳系的球状云团，布满不活跃的彗星，位于距离太阳约1光年的地方。

图解果壳中的宇宙

为了能直观认识整个太阳系，我们可以将太阳与其他行星的大小、距离按照一定比例缩小。假设地球是个直径为 2.54 厘米的小球，那么太阳就是个直径为 22.86 厘米的大球，距离地球的距离约为 295 米，常人需要步行四五分钟的距离。在这个尺寸的宇宙中，月亮就只有豌豆大小，与地球的距离大约在 0.76 米左右。水星、金星处于地球和太阳之间，距离分别是 114 米和 228 米。

按照这个比例，木星距离地球大约有 1.6 千米，距离地球 3.2 千米的是土星，6.4 千米的是天王星，9.6 千米的是海王星。除此之外，则只有稀薄的气体和细微的尘埃。即便按照如此小的比例计算，最近的恒星比邻星距离地球也在 64 万千米之外。

🪐 地球行星

地球是宇宙中像尘埃一样多的行星中的一颗，但它却是如此稀有。在所有的时空之旅中，地球是目前确知唯一能够满足智慧生命生存的行星。人类在这里诞生演化，达到繁盛。正是在地球上，我们有了探索宇宙的激情；也是在这里，我们开始了没有任何保证的命运之旅。

地球的内部构造

在浩瀚的宇宙中，地球是一个表面光滑的、蓝色的不规则球体。它最显著的特点是具有圈层结构，上层地壳通过地质作用不断缓慢变化。大约 2.5 亿年后，地球的七块大陆将重新成为一个新的超级大陆——阿马西亚大陆。

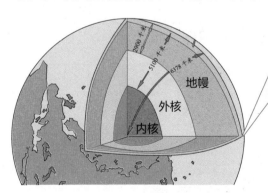

地球是一个非均质体，内部具有分层结构，各层物质的成分、密度和温度各不相同。在天文学中，研究地球内部结构对于了解地球的运动、起源和演化，探讨其他行星的结构，解决行星以至整个太阳系起源和演化问题，都具有十分重要的意义。

地球内部一般分为三个球层：地核、地幔和地壳。地壳是地球的表面层，也是地球上生命生存的地方；地壳下面的中间层叫地幔，由致密的造岩物质构成；地幔下面是地核，物质是固态的，地核温度在 6 000℃以上。

2. 宇宙中的行星：

寻找太阳系内的行星

行星是宇宙中具有一定质量，但自身不发光的天体，近似圆球状。在太阳系内，存在着多种典型的行星，它们各自有着不同的结构特点。

🪐 水星

水星是太阳系八大行星中距离太阳最近的行星，也是最小的一颗行星。它距离太阳的平均距离只有 5 790 万千米，而赤道的半径则只有 2 439.7 千米。甚至不如木星、土星的某些卫星大。因为距离近，所以它的轨道比任何行星都短，每 88 天就能绕太阳 1 周。但同时水星又有着很慢的自转，自转 3 周才是一昼夜，相当于地球的 176 天。这一现象在太阳系中独一无二。

由于水星只有极为稀薄的大气，因此无法阻止陨石的撞击。水星的表面和月球很相似，布满环形山，还有平原、盆地和断崖。早期的水星曾经有过剧烈的火山运动，因此形成了巨大的岩浆平原。

科学家认为水星内部存在着一个超大的内核，其质量甚至达到了水星总质量的 2/3。水星上铁所占比例超过了其他任何已知的太阳系行星，由 70% 的金属和 30% 的硅酸盐组成。

水星的基本数据

平均半径	2 439.7km	轨道倾角	7.0°
质量	$3.302\ 2 \times 10^{23}$kg	体积	6.083×10^{10}km^3
公转周期	87.969 地球日	平均密度	5.427g/cm^3
自转周期	58.646 地球日	表面最高温度	426.85℃
平均轨道速度	47.87km/s	表面最低温度	−193.15℃
轨道离心率	0.206	卫星数	无

金星

金星是距离地球最近的行星，大小与地球相似，但环境却存在天壤之别。金星的大气 97% 都是二氧化碳，由此产生了可怕的高温、酸雨和极高的大气压力，大气压力约为地球的 90 倍，环境极为严酷。

与地球不同的是，金星自转方向为自东向西。因此，在金星上看太阳是西升东落的。更为奇妙的是，金星自转非常慢，自转 1 周需要 243 个地球日，而它环绕太阳公转 1 周只需要 224.7 个地球日，因此金星上"日"比"年"长。这导致产生一种现象，在金星赤道上物体的天文速度只有 1.8m/s。所以，站在赤道上向东散步，就能追上"东落"的太阳，让它永驻苍穹。

金星地表有 5 亿年的历史，整个行星以广阔的平原、巨大的熔岩火山和山脉为主，我们通常所看到金星的光泽来自其中的金属化合物。

金星的结构

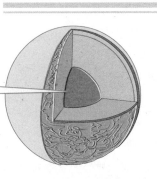

金星的内部结构尚未有定论，但推测它可能有一个半径 3 000 千米的固态核。

金星地表以火山地貌为主，地质年龄很年轻，不超过 5 亿年，几乎 90% 的地表是固结的玄武岩浆。

火星

火星是太阳系中最像地球的行星，由于其表面被氧化铁所覆盖，因此火星被称作"红色行星"。火星的大气十分稀薄，仅有地球的 1%，空气中飘浮着尘埃颗粒，散射着氧化铁标志性的红光，因此火星的天空是红色的，夕阳会因为红色部分的散射而偏蓝。

火星上地质活动并不活跃，但拥有着太阳系中最高的火山——奥林帕斯山，高度超过 21 千米，是地球上珠穆朗玛峰的 2 倍多。火星上还有着太阳系最大、最长的峡谷——水手号峡谷，长达 3 769 千米，最深处 7 千米。

研究发现，火星曾经拥有过大量的液态水，塑造了今天火星的地表。但在几十亿年前，火星失去了大气层，大部分的地表水也随之消失了。

最近科学家在火星南极冰层的下方发现了一个直径约 20 千米的液态水湖，这样丰富的水资源，为人类改造火星并进行移民提供了可能性。但即使人类想要改造火星成为宜居星球，其工程大概也需要千年之久。

火星与地球的对比

比较	火星	地球
平均赤道半径	3 396.2km	6 378.10km
赤道重力	0.377	1
体积（地球 =1）	0.151	1
密度（g/cm^3）	3.94	5.514
自转周期	1.026 地球日	0.997 地球日
公转周期	686.98 地球日	365.25 地球日
平均表面温度	−63.15℃	15℃
表面最高处	奥林帕斯山，海拔 21 287m	珠穆朗玛峰，海拔 8 844.43m
表面最低处	赫拉斯盆地，海平面以下 8 180m	马里亚纳海沟，海平面以下 11 034m
最大的峡谷地形	水手号，长 3 769km，最宽 200km，深 7km	美国科罗拉多大峡谷，长 446km，最宽 29km，深 1 200m
大气组成	CO_2（95%）、H_2O、Ar 等	N_2（78%）、O_2（21%）、Ar 等

木星

木星是太阳系中质量和体积仅次于太阳的行星，其质量是另外七大行星质量总和的 2.5 倍。木星是太阳系中体积最大的行星，赤道半径长达 71 492 千米，它的体积是地球的 1 321.3 倍，质量却仅仅是地球的 317.8 倍。由此可知，木星并不是一个固体物质为主要组成的行星，而是一个巨大的液态氢气球——由 90% 的氢和 10% 的氦组成，还有微量的甲烷、水、氨气和二氧化硅等。这与形

木星的图像

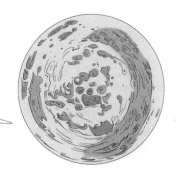

2018 年 2 月，美国航空航天局（NASA）公布了由"朱诺号"探测器拍摄到的一组木星南极的图像，醒目的蓝色旋涡以华丽的图案扭曲变幻，创造了令人惊叹的奇观。

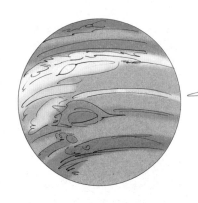

木星是太阳系中自转最快的行星，因此强大的离心力拉动木星云带剧烈地飘动，云层像波浪一样翻腾，还可以看到著名的"大红斑"。

成整个太阳系的原始星云的成分十分相似。

木星最显著的特征是"大红斑"，它已经被天文学家观察了 200 ～ 350 年之久。这是木星上最大风暴的气旋，长度约 24 000 ～ 40 000 千米，上下跨度 12 000 ～ 14 000 千米，每 6 个地球日逆时针方向旋转 1 周。它类似于地球上的台风、火星上的沙尘暴，但规模在太阳系中是最大的，持续了至少 350 年的时间。

科学家形容木星是地球的"福星"，它强大的引力在太阳系形成早期将远方的彗星吸引到地球上，这些天体将大量的水带到地球，形成了原始海洋。同时，木星又用它的引力有效地清除了太阳系中绝大部分的太空碎片，将一些小行星等天体抛出太阳系，还将某些天体直接吸引到木星上。

🪐 土星

土星是一颗与众不同的行星，它有着美丽的光环，是太阳系中公认最美的行星。土星的光环最早由伽利略发现，在随后的 300 多年间为人们所逐步熟悉。

土星光环是某个天体因为无法抗衡土星引力的潮汐作用而解体的。土星光环最早发现了 A、B、C 环，之后又发现了许多新环。值得注意的是，这些光环虽然范围极广，如 A 环的外半径是 13.7 万千米，而宽度是 14 600 千米，但厚度却极为稀薄，例如 B 环的平均厚度只有十几米。

土星和它的光环

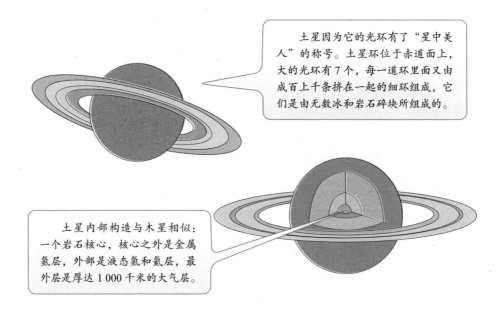

土星因为它的光环有了"星中美人"的称号。土星环位于赤道面上，大的光环有 7 个，每一道环里面又由成百上千条挤在一起的细环组成，它们是由无数冰和岩石碎块所组成的。

土星内部构造与木星相似：一个岩石核心，核心之外是金属氢层，外部是液态氢和氦层，最外层是厚达 1 000 千米的大气层。

图解果壳中的宇宙

土星内部的核心包括岩石和冰，外围则由金属氢和气体包裹着。土星的平均密度极小，不到 0.7g/cm³。这意味着，它是太阳系里唯一可以浮在水面上的行星。土星是"斜着身子"绕太阳公转，且速度较慢，绕太阳 1 圈需要 29.657 年。但是土星的自转速度较快，仅次于木星，赤道自转周期是 10 小时 33 分。

土星的卫星非常多，目前能够确认的卫星有 82 颗，其中土卫六是最为典型的卫星。它是太阳系中唯一拥有大气的卫星，其主要成分是氮。它还是太阳系卫星中唯一地表存在液体的卫星，平均温度为 −179.5℃，形成了富有魅力的液氮海洋。探测土卫六的登陆探测器"惠更斯号"甚至在土卫六上探测到了风声。这些特点让它成为最受天文学家瞩目的卫星。

◐ 天王星

　　天王星以希腊神话中的天空之神乌拉诺斯命名，它的质量比地球大 14.5 倍，主要由岩石和各种成分不同的水冰物质组成，主要元素是氢（83%），其次是氦（15%），内核则由冰和岩石组成。因为天王星、海王星的内部结构和木星与土星的差别较大，冰的成分超过气体，因此天文学家将它们另列为冰巨星。

　　天王星是英国天文学家威廉·赫歇尔于 1781 年用天文望远镜发现的，被认为是第一个用望远镜发现的行星。但实际上，天王星的亮度达到了 6 等星，最亮的时候星等可以达到 5.5 等。在赫歇尔之前，天王星不止一次被天文学家观察到，但是谁也没有意识到自己观测到的是行星。只有赫歇尔这位长达几十年连续进行巡天观测的学者最终发现了天王星的与众不同之处，辨认出它是一颗比土星更遥远的行星。

"躺着"自转的天王星

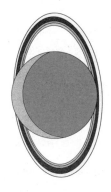

　　天王星的公转和自转角度几乎呈垂直方向，因此它在自己的轨道上"躺着"自转。一般认为这是小行星撞击的结果。

　　天王星的一个奇异之处在于它几乎是在轨道上"躺着"转动的。天王星的转轴倾角达到了 97.8°，而地球的夹角只有 23.4°。因为天王星每 84 个地球年绕太阳公转一周，这就造成了天王星的南北极中一个会被太阳持续照射 42 年，另外一个则处于 42 年的极夜之中。不过天王星的阳光强度只有地球的 1/400，因此始终处于酷寒中。

◐ 海王星

　　海王星是太阳系八大行星中距离太阳最远的一颗行星，因其有着荧荧的淡蓝色光，天文学家便以罗马神话中海神尼普顿为其命名。它的直径是地球的 3.88 倍，质量约为地球的 17 倍。在直径和体积上比天王星要小，但因为密度高，质量上则要大一些。

海王星被发现的过程与其他行星不同，它是通过数学计算而非事实观测确定位置的行星。在天王星的早期观测中，科学家发现天王星轨道计算结果和实际观测结果存在很大误差，这引起了人们的注意，并试图解决这一问题。

到了 1846 年，法国天文学教师奥本·勒维耶通过大量的计算，独立完成了海王星位置的推算，并将自己的运算结果交给了柏林天文台的天文学家伽勒。后者和他的助手将望远镜指向了计算中新行星的位置，仅仅用半个小时就发现了海王星，与勒维耶的计算结果差距不到 1°，当即轰动了整个欧洲。

海王星的基本数据

发现时间	1846 年 9 月 23 日	质量	1.0243×10^{26}kg（地球的 17 倍）
平均密度	1.638g/cm^3	直径	24 764km
表面温度	-201℃	逃逸速度	23.5km/s
自转周期	0.6 地球日	公转周期	60 327.624 地球日
平均公转速度	5.43km/s	体积	6.254×10^{13}km^3
赤道自转速度	2.68km/s	自转轴倾角	28.32°
表面重力	11.51m/s^2	卫星数	14 颗

海王星距离太阳非常远，因此收到的太阳光是地球的 1/1 000。但是海王星的核心温度非常高，达到了 7 000℃，因此海王星大气有着太阳系中最高风速的风暴，其风速达到 2 100km/h，约是声速的 1.5 倍。而地球上 12 级台风的风速不过 118km/h。

小行星

在太阳系中，除了八大行星外，还存在着许许多多的小行星。到目前为止，太阳系中一共发现了约 79 万颗小行星，而这还只是小行星中很少的一部分。一般认为，小行星是太阳系形成之后的物质残余。

目前发现的直径超过 240 千米的小行星大约有 16 个，而最大的小行星被重

"危险"的小行星

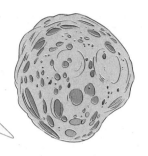

近地小行星指那些轨道与地球轨道相交的小行星。这个类型的小行星可能有与地球撞击的危险。目前发现的直径超过 1 千米的近地小行星有 500 多颗。

新分类，定义为矮行星。这些小行星大部分成分是二氧化碳、铁、镍等。某些轨道与地球相交的小行星对地球有着潜在的威胁，它们被称为"近地小行星"。已知的直径在 4 千米以上的近地小行星有数百个，一旦和地球相撞就可能带来灾难。

🪐 彗星

彗星绕着太阳运行，是接近太阳时亮度和形状会随着日距变化而变化的天体。彗星有着云雾状的外貌，分为彗核、彗发和彗尾三部分。彗星物质主要由水、氨气、甲烷、氰、氮和二氧化碳等组成，还有石块、铁、尘埃等固体物。目前发现绕太阳运行的彗星有 1 700 多颗，天文学家估计，在太阳系的边远位置有多达几十亿颗彗星的彗星群。

彗星轨迹运行图

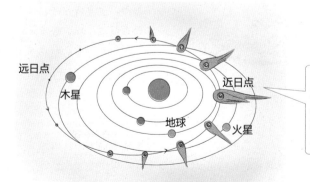

远日点

木星

近日点

地球

火星

彗星的亮度和形状会随着距太阳远近的变化而变化。一般认为彗核是个"脏雪球"。彗星接近恒星时会形成彗发和彗尾。

3. 静态宇宙：
有关宇宙起源的讨论

很多科学家和哲学家相信宇宙是静态的、永恒的，不存在开始或结束。但是一些不能解释的现象，却引起了人们对宇宙起源的思考。

☄ 古希腊时期的宇宙模型

古希腊哲学家阿那克西曼德是第一位解析宇宙结构的人。尽管阿那克西曼德是一位玄学家而非科学家，但可贵的是他采用了基于实际测量的结果而非神话故事。自此，人类开始试图建立一个统一的宇宙模型去解释天体的复杂运动。

阿那克西曼德在解析宇宙的时候采取了三个非常重要的步骤，为在他之后的所有观点奠定了基础：天体（恒星、行星、卫星）沿整圆旋转，时而从地球下方穿过，时而又从上方穿出；地球在太空中无支撑地飘浮着；天体占据了环

阿那克西曼德的天球观

恒星

行星

卫星

地球

阿那克西曼德的模型中，卫星所在的轨道面最接近地球，接着是行星的轨道面，而恒星离地球最远。

阿那克西曼德认为地球是一个厚盘形，它的直径是厚度的3倍，而我们则生活在盘子的上表面。他解释地球之所以没有从太空中坠落是由于其处于宇宙的中心，受到各个方向的压力相等，使其能够保持平衡。

绕地球的球面，但它们并不都位于同一个球面上——它们在以地球为中心的多个同心球面上。

☄ 从地心说到日心说

公元前 4 世纪，古希腊哲学家亚里士多德总结了前人的经验，提出了地心说，并认为地球是球形的，是整个宇宙的中心。这一学说后来被罗狄斯·托勒密所继承，将宇宙这个有限的球体分为天地两层，著成《天文学大成》，创立了宇宙地心说。

托勒密的宇宙地心说

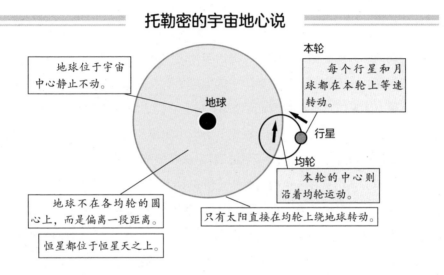

地球位于宇宙中心静止不动。

本轮
每个行星和月球都在本轮上等速转动。

地球

行星

均轮

地球不在各均轮的圆心上，而是偏离一段距离。

本轮的中心则沿着均轮运动。

只有太阳直接在均轮上绕地球转动。

恒星都位于恒星天之上。

随着时间的推移，天文观测的精确度不断提高，人们逐渐发现了地心说的问题。文艺复兴时期，托勒密所提出的均轮和本轮的数目已多达 80 多个。这时，波兰人哥白尼经过长期的天文观测和研究，创立了更为科学的宇宙结构体系——日心说，从此否定了在西方统治达 1 000 多年的地心说。

1543 年，哥白尼的《天体运行论》出版发行，在书中，他阐述了日心体系，提出地球只是围绕太阳旋转的一颗普通行星，而月球则在圆形轨道上绕地球转动。

☄ 牛顿引力下的静态宇宙

牛顿吸收了哥白尼的观点，认为宇宙是无限大的，没有边界。他对宇宙中

哥白尼的日心说模型

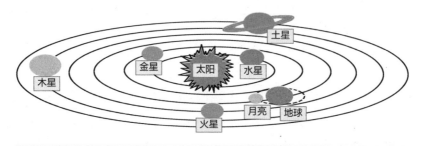

1543年，哥白尼的《天体运行论》出版发行，在书中，他阐述了日心体系，提出地球只是围绕太阳旋转的一颗普通行星，而月球则在圆形轨道上绕地球转动。

天体运动的动力问题做出了解释，提出了著名的万有引力定律，用来解释天体的绕行问题。在万有引力理论中，宇宙中每个质点都以一种力吸引其他各个质点，这种力随着质点质量的增加而增加，随着它们之间距离的增加而减小。

但是这引出了另一个问题，根据万有引力定律，天体之间相互吸引，使得它们难以保持相对的运动状态，所有天体最终可能都会落到某一个点上。

牛顿曾尝试给这种推论做出解释。他在1691年给思想家理查德·本特利的信中写到，因为宇宙中天体的数量无限多，而且它们大致均匀地分布在空间中，彼此引力平衡，所以相对于任何天体来说都不存在坠落的点，天体也就不会向一处坠落。也就是说，牛顿认为宇宙是无限大的，是静态的。

坠落的天体

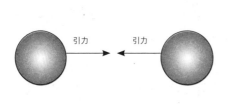

天体拥有巨大的质量，它们之间虽然距离很远，但引力作用会使其相互靠近。

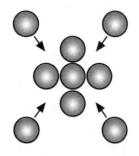

根据万有引力定律，人们推测所有天体最终将聚集坠落在一起。

图解果壳中的宇宙

牛顿构想的宇宙状态

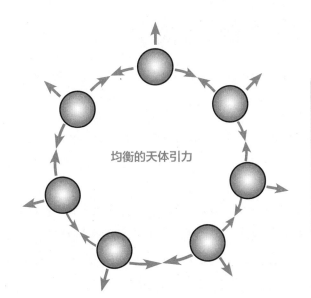

均衡的天体引力

> 牛顿认为宇宙中无限且均匀分布的天体平衡了各自的引力，每一颗天体受到各个方向的力，最终维持在了一个平衡的状态，并且在无限的宇宙中也不存在一个可以坠落的点。

🪐 对无限静态宇宙的诘问

牛顿为了坚持无限静态宇宙的观点，对引力理论进行了修正。修正后的引力理论就像一个扑克牌城堡，稍有一点变动便会土崩瓦解。假如一颗恒星的位置发生了略微的变动，那么与它相关联的引力、斥力也会发生变化。这种变化犹如多米诺骨牌，一连串的连锁反应会彻底打破这种幻想的平衡。

1823 年，德国哲学家海因里希·奥伯斯关于无限静态宇宙的诘问引起了人们对这一问题的广泛关注。在一个静态宇宙中，无限多的恒星会照亮整个天空，黑夜将不复存在。我们仰头望向天空，无论朝哪个方向看，视线总会落在某颗发光的恒星上，甚至到了夜晚，整个天空也会和恒星一样明亮。为了解释地球上舒适的生命环境，奥伯斯认为宇宙中存在某种物质将光线吸收了。

如果宇宙的介质将部分光线吸收，那么这些物质必将会变得非常明亮，因此这种解释也必须做出一些让步。于是，无限静态宇宙中预示的无限多的恒星便不能永久发光，而且这种吸光介质仍然可以继续工作很长一段时间；并且也可以假设，更远处的恒星光线到目前为止还没有来到我们的眼中。

4. 发现宇宙膨胀:
几乎所有星系都运动离去

宇宙膨胀的发现是 20 世纪最伟大的科学革命之一,它彻底改变了人们对宇宙的固有观念。最初,这项革命是从哈勃观测开始的。

🪐 发现河外星系

1923 年,哈勃在威尔逊山天文台用当时最大的 2.5 米口径的反射望远镜拍摄了仙女座大星云的照片,照片上该星云外围的恒星已可被清晰地分辨出来。为了明确到仙女座星云的距离,他尽量多地发现仙女座星云中的新星,然后决定它的平均亮度。所谓的新星是比超新星稍暗,在最终阶段爆炸发光的恒星。

在拍摄的照片中,哈勃找到了更有用的天体,他确认出第一颗造父变星。之后,他还在三角座星云 M33 和人马座星云 NGG6822 中发现了另一些造父变星。接着,他利用周光关系定出了这三个星云的造父视差,计算出仙女座星云距离地球约 90 万光年,而银河系直径只有约 10 万光年,因此证明了仙女座星

造父变星

三角座星云

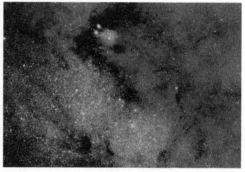

人马座星云

造父变星是一类高光度周期性脉动变星,也就是其亮度随时间呈周期性变化。因典型星仙王座 δ(中文名造父一)而得名。由于根据造父变星周光关系可以确定星团、星系的距离,因此造父变星被誉为"量天尺"。

图解果壳中的宇宙

云是河外星系，其他两个星云亦远在银河系之外。

1924年底，哈勃在美国天文学会上宣布了关于河外星系这一重要发现，由此翻开了探索宇宙的新篇章。之后，哈勃开始研究河外星系的结构，有97%呈椭圆或旋涡状，其余3%为不规则星系。

🪐 发现红移现象

早在哈勃发现河外星系之前，维斯多·斯莱弗于1912年就已经开始研究星云。他观察了仙女座星云M31的光谱，发现向蓝的方向移去。根据多普勒效应，得出结论仙女座星云正以30km/s的速度飞向地球。斯莱弗接着又分析了13个星云，发现有11个向红的方向移动，2个向蓝的方向移动。

到了1925年，他观测的星云数目达到41个，加上其他天文学家观测的4

红移和蓝移

蓝移

当光源向观测者接近时，接受频率增高，相当于向蓝端偏移，称为蓝移。

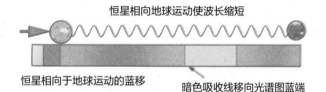

恒星相向地球运动使波长缩短

恒星相向于地球运动的蓝移　　暗色吸收线移向光谱图蓝端

红移

一个天体的光谱向长波（红）端的位移叫作红移，根据多普勒效应，这是天体和观测者相对快速运动造成的波长变化。

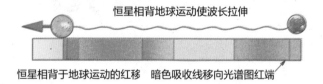

恒星相背地球运动使波长拉伸

恒星相背于地球运动的红移　暗色吸收线移向光谱图红端

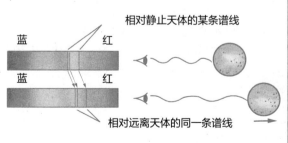

相对静止天体的某条谱线

蓝　　　红

蓝　　　红

相对远离天体的同一条谱线

每一种元素会产生特定的吸收线，天文学家通过研究光谱图中的吸收线，可以得知某一恒星是由哪几种元素组成的。

将恒星光谱图中吸收线的位置与实验室光源下同一吸收线的位置相比较，可以知道该恒星相对地球运动的情况。

个星云，一共45个星云中，有43个是红移，2个蓝移。他们根据观测数据，形成了这样一个结论：大部分星云正在高速飞离地球。

🪐 宇宙在不断膨胀

哈勃测量了斯莱弗发现的具有很快的视向退行速度的星系到地球的距离，发现了它们的距离和退行速度之间的特别关系，从而得出了著名的哈勃定律。哈勃定律揭示了宇宙在不断膨胀，这种膨胀是一种全空间的均匀膨胀。因此，在任何一点的观测者都会看到完全一样的膨胀。从任何一个星系来看，一切星系都以自身为中心向四面散开，越远的星系间彼此散开的速度越快。

哈勃定律并没有马上得到人们的承认，因为哈勃只是观测了数千个星系中

哈勃定律

哈勃定律又称哈勃效应，有着广泛的应用。它是测量遥远星系距离的唯一有效方法。也就是说，只要测出星系谱线的红移，再换算出退行速度，便可由哈勃定律算出该星系的距离。

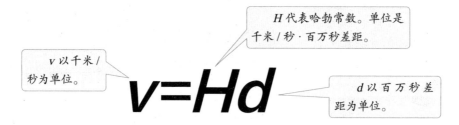

H 代表哈勃常数。单位是千米／秒·百万秒差距。

v 以千米／秒为单位。

$$v=Hd$$

d 以百万秒差距为单位。

哈勃常数 *H* 值最初为500，后来又进行了多次修订。现在，人们通常用 H_0 表示哈勃常数的现代值，并把 H 称为哈勃常量。

20世纪70年代以来，许多天文学家用多种方法测定了 H_0，但各家所得的数值很不一致，现在一般认为 H 值在 50 ～ 100 之间，只有当年哈勃测定值的几分之一。

爱德文·哈勃

的 18 个，而且这 18 个星系并不是全部都在远离。他在助手哈马逊的帮助下，研究了更多、更远的星系，观测它们到地球的距离与退行速度。到了 1936 年，他们对 1929 年观测距离 40 倍远的星系进行了观测，结果确认了哈勃最初发现的距离与退行速度的比例关系是正确的。此时，宇宙在不断膨胀的观点，才真正被人们所接受。

哈勃常数

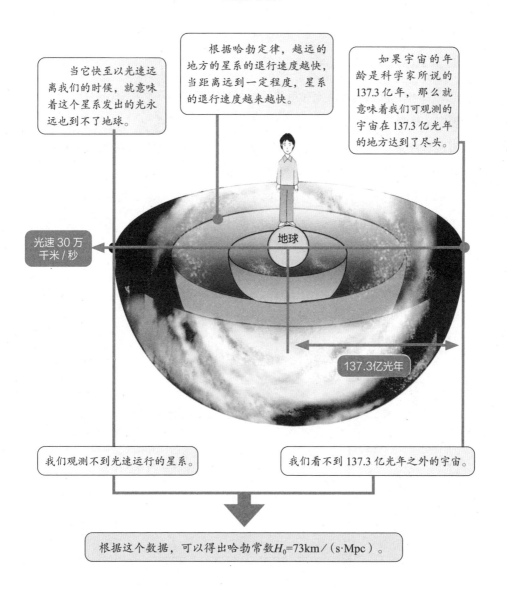

当它快至以光速远离我们的时候，就意味着这个星系发出的光永远也到不了地球。

根据哈勃定律，越远的地方的星系的退行速度越快，当距离远到一定程度，星系的退行速度越来越快。

如果宇宙的年龄是科学家所说的 137.3 亿年，那么就意味着我们可观测的宇宙在 137.3 亿光年的地方达到了尽头。

光速 30 万千米 / 秒

地球

137.3亿光年

我们观测不到光速运行的星系。

我们看不到 137.3 亿光年之外的宇宙。

根据这个数据，可以得出哈勃常数 H_0=73km／（s·Mpc）。

5. 宇宙大爆炸：
时间和空间从这里创生

霍金和彭罗斯证明的定理指出，宇宙必须从一个大爆炸的一点开始。而关于宇宙大爆炸的理论，早在 1922 年就已经被一些理论物理学家所提出。

🪐 大爆炸理论的先驱

1922 年，俄裔物理学家弗里德曼根据爱因斯坦的广义相对论，建立了弗里德曼宇宙模型，或称为"标准宇宙学模型"。这个模型认为，宇宙在膨胀，并可能有两种结果：一种是会无限膨胀下去；另一种则是宇宙膨胀到最大程度后，则开始收缩，最后所有的星系又都挤在一起。

弗里德曼还引入了一个参量，即宇宙平均物质密度。如果宇宙平均物质密度小于临界密度，物质的引力不够大，宇宙将无限膨胀下去，最后星系以稳恒的速度相互离开；若二者相等，宇宙刚好能避免坍缩，星系分开的速度越来越

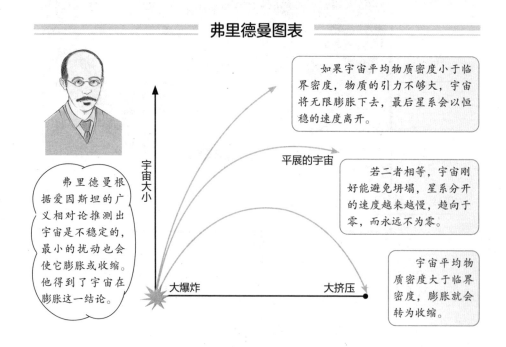

弗里德曼图表

弗里德曼根据爱因斯坦的广义相对论推测出宇宙是不稳定的，最小的扰动也会使它膨胀或收缩。他得到了宇宙在膨胀这一结论。

宇宙大小

平展的宇宙

大爆炸   大挤压

如果宇宙平均物质密度小于临界密度，物质的引力不够大，宇宙将无限膨胀下去，最后星系会以恒稳的速度离开。

若二者相等，宇宙刚好能避免坍塌，星系分开的速度越来越慢，趋向于零，而永远不为零。

宇宙平均物质密度大于临界密度，膨胀就会转为收缩。

慢，趋向于零，而永远不为零；宇宙平均物质密度大于临界密度，膨胀就会转为收缩。

弗里德曼揭示了宇宙可能的动态变化，为大爆炸学说打下了理论基础。

🪐 勒梅特的大爆炸假说

1927 年，比利时的勒梅特提出了现代大爆炸的假说。他指出宇宙是膨胀的，这与几年前弗里德曼的发现相同，而勒梅特又特别指出了星系可能是能够显示宇宙膨胀的"实验粒子"。原始宇宙挤在一个"宇宙蛋"中，"宇宙蛋"容纳了宇宙中的所有物质。一场"超原子"的突变性爆炸将它炸开，经过几十亿年时间，形成了现在还在退行的星系。

勒梅特的思想在当时并未产生很大影响，但却被后来的伽莫夫所重视。伽莫夫和他的同事们按照勒梅特和弗里德曼的思路进行研究，终于使大爆炸理论被人们所熟知。

膨胀的"宇宙蛋"

膨胀的宇宙

宇宙起源于一个"原始原子（宇宙蛋）"，这个原始原子只是太阳的 30 倍左右，却含有我们今天所见宇宙中全部物质的球。

这个球在过去 200 亿～600 亿年间的某个时刻前，像一个不稳定原子核的裂变那样发生爆炸，而创造了膨胀的宇宙。

🪐 热大爆炸理论

1948 年，伽莫夫说服物理学家汉斯·贝特，将其名字署在阿尔菲提交给《物理学评论》的博士论文中，这篇由三个人合作的论文将元素形成的假想同宇宙膨胀理论联系起来，成为了热大爆炸理论的开端。

热大爆炸描述宇宙初始时是一团混沌，在绝高温度和绝高密度之下，连最基本的粒子也无法产生。但随着宇宙的扩张，温度随之降低，当温度降至 10^{10} 开尔文的时候，出现了电子、中子和质子。而这个时候离大爆炸伊始不过 1 秒钟。

之后，宇宙继续扩张，温度继续降低。又过了 2 秒钟，也就是宇宙创生的 3 秒钟后，温度差不多降为 10^9 开尔文时，氢和氦原子核形成。这是因为随着温度降低，最初的粒子开始发生聚变反应，形成了原子核，这就是最初元素的形成过程。有了这些最初的元素，就好像有了搭建摩天大楼的砖瓦，它为其他新

3 分钟与 137 亿年

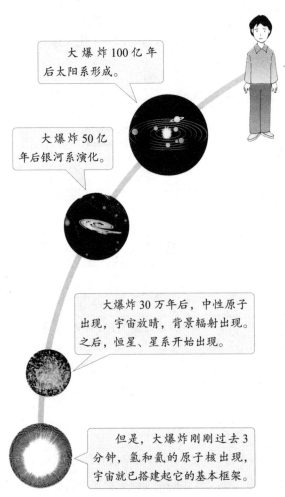

大爆炸 100 亿年后太阳系形成。

宇宙从大爆炸开始到今天，已经有约 137 亿年的历史。人类也在宇宙中存在了 300 万年。

大爆炸 50 亿年后银河系演化。

大爆炸 30 万年后，中性原子出现，宇宙放晴，背景辐射出现。之后，恒星、星系开始出现。

但是，大爆炸刚刚过去 3 分钟，氢和氦的原子核出现，宇宙就已搭建起它的基本框架。

最初的 1 秒钟过后，宇宙的温度降到约 100 亿开尔文，这时的宇宙是由质子、中子和电子形成的一锅基本粒子汤。3 分钟过后，随着这锅汤继续变冷，核反应开始发生，生成各种元素。这些物质的微粒相互吸引、融合，形成越来越大的团块，并逐渐演化成星系、恒星和行星，在个别天体上还出现了生命现象。然后，能够认识宇宙的人类终于诞生了。

元素的形成提供了最基本的原材料。氢和氦在不断的聚变反应中，成为碳、氧等其他元素。

3分钟过后，现在宇宙的基本元素就都形成了，这就是热大爆炸理论下的宇宙雏形。

🪐 热宇宙的物质形态

在宇宙开始，物质以高密度充满宇宙，和光频繁地发生冲突。电子被锁定在原子中，是因为原子核的正电荷和电子的负电荷因电场力相互吸引。但是，当它与具有高能量的光碰撞时，电子就会脱离原子飞出。这是因为电子的运动因光的碰撞获得能量变得更加剧烈，原子核电荷的力量不足以牵制电子，电子就脱离了原子。这种中性原子失去电子成为正离子的过程被称为"电离"。

宇宙早期的混乱状态

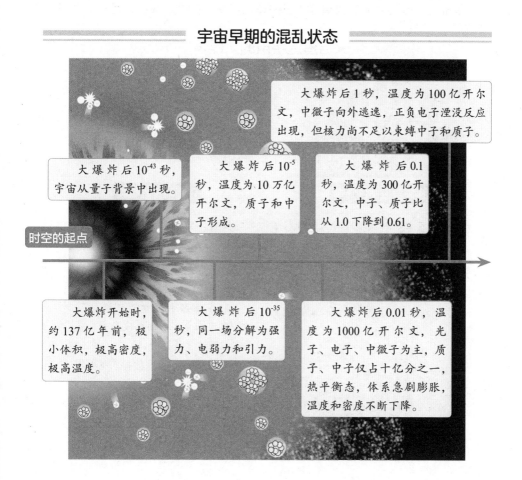

大爆炸后1秒，温度为100亿开尔文，中微子向外逃逸，正负电子湮没反应出现，但核力尚不足以束缚中子和质子。

大爆炸后10^{-43}秒，宇宙从量子背景中出现。

大爆炸后10^{-5}秒，温度为10万亿开尔文，质子和中子形成。

大爆炸后0.1秒，温度为300亿开尔文，中子、质子比从1.0下降到0.61。

时空的起点

大爆炸开始时，约137亿年前，极小体积，极高密度，极高温度。

大爆炸后10^{-35}秒，同一场分解为强力、电弱力和引力。

大爆炸后0.01秒，温度为1000亿开尔文，光子、电子、中微子为主，质子、中子仅占十亿分之一，热平衡态，体系急剧膨胀，温度和密度不断下降。

中性原子只有在3 000开尔文左右的温度下，才能形成；当温度低于3 000开尔文时，电子与原子核就会结合成中性原子，大量发光的电子就会消失。

但是在宇宙形成的初期，温度高达10 000开尔文时，粒子四处飞逸，不停地发生碰撞；其运动能太大，导致中性原子不能形成。也就是说，宇宙的初期不存在原子，原子核和电子在散乱地激烈运动着。

若再往前推，当温度高达10亿开尔文时，粒子热碰撞使得原子核也发生瓦解。换句话说，原子核也是宇宙演化产生的。我们可以得出这样的结论，在宇宙初期，原子核并不存在，只有质子、中子和电子在散乱地激烈运动着。

🪐 大爆炸宇宙的证据

对大爆炸理论看法的改变起决定作用的证据，是在1965年发现的宇宙微波背景辐射。美国贝尔实验室建立了一座高灵敏度的微波天线，用于卫星通信

来自遥远宇宙的"噪声"

不是来自城市的噪声

不是鸽子的影响

彭齐亚斯和威尔逊对天线进行了彻底的检查，发现噪声不是来自城市，也不是来自落在天线上的鸽子。最后他们发现，这个电波波长2毫米，24小时从不间断的杂音来自遥远的宇宙。

彭齐亚斯和威尔逊"误打误撞"发现来自宇宙的电波杂音，就是宇宙微波背景辐射。

1978年，彭齐亚斯和威尔逊因此获得了诺贝尔物理学奖。

威尔逊（左）和彭齐亚斯（右）

实验。实验结束后，贝尔电话公司年轻的工程师阿诺·彭齐亚斯和罗伯特·威尔逊希望用它做一些射电天文研究。在正式开始研究之前，他们决定先进行严格的测试和校准。他们调试那巨大的喇叭形天线时，出乎意料地接收到一种无线电干扰噪声。

彭齐亚斯和威尔逊在一番波折之后，知道了测听到的电波杂音来自遥远的宇宙，而这个电波杂音正是宇宙微波背景辐射。之后，他们向《天体物理学》杂志投送了一篇论文，他们为这篇文章起了一个非常朴素的标题"4 080 兆赫处额外天线温度的测量"。在文中，他们正式宣布了他们的发现，而这一发现最终成为了宇宙大爆炸理论的一个有力证据。

大爆炸强有力的证据

微波辐射

宇宙微波背景辐射是大爆炸的遗痕，就如同爆炸产生的回声般，为宇宙大爆炸理论提供了有力的证据。

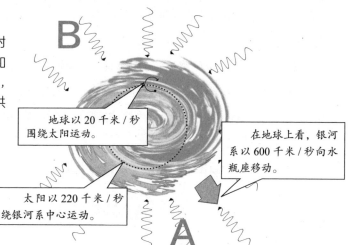

地球以 20 千米 / 秒围绕太阳运动。

在地球上看，银河系以 600 千米 / 秒向水瓶座移动。

太阳以 220 千米 / 秒绕银河系中心运动。

宇宙中的电磁波

宇宙间的电磁波辐射包括宇宙射线、γ 射线、X 射线、紫外线、可见光、红外线以及宇宙微波背景辐射等。它们的波长依次递增。

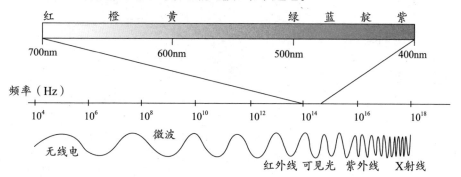

6. 量子宇宙：
宇宙可能拥有多重历史

广义相对论在大爆炸处失效，使得宇宙在该处的创生无法得到科学定律的证实。然而，量子力学的不确定性原理认为，宇宙并不像人们以为的那样仅仅存在一个历史。

☄ 多重宇宙思想

最早提出宇宙可能具有多重历史思想的人是理查德·费曼。在第二次世界大战之后，费曼找到了研究量子力学的新方法，这种新方法启发了有关宇宙历史的思考。

费曼向基础的经典假设，即每个粒子只有一个特定的历史进行挑战。相反，他提出一个从某位置到另一位置的粒子，沿着通过时空的每一个可能的路径运动。也就是说，该粒子运动的历史轨迹存在无限多可能，每一个可能的运动路径都是一种历史。

费曼赋予每个可能的轨道两个量，一个是大小，也就是波幅；另一个是相

图解果壳中的宇宙

费曼路径积分

B点

粒子路径

A点

波幅（大小）

B点

A点

波峰（相位）

波谷（相位）

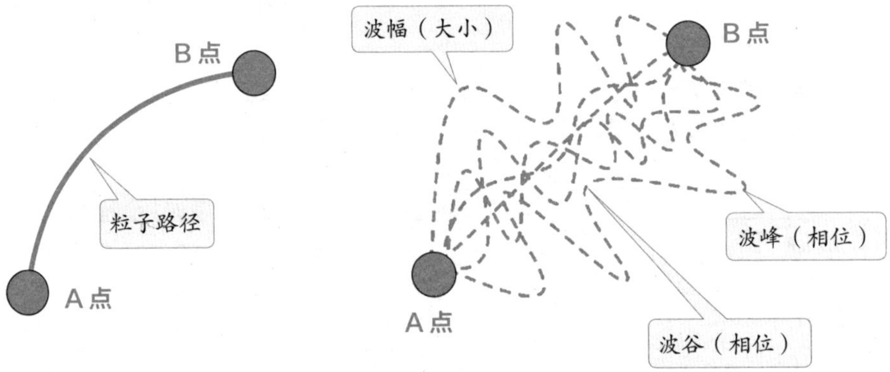

费曼的路径积分理论与量子力学曲率解释在数学意义和物理意义上是完全吻合的。在费曼的路径积分中粒子可选取每一个可能的路径。

位，也就是它是否处于波峰或波谷。该粒子从一点到另一点的概率，就是把通过两点之间所有路径的有关波相加，以求和方式得到。

费曼有关粒子运动的理论虽然与量子力学完全吻合，但在日常世界中，这种现象却很难被理解，人们不能直观地观察到这种现象。我们通常认为，物体在出发点和目的地之间只沿着一个单独的路径运动。

在费曼路径积分中，对于大的物体，费曼把量赋予每一路径的规则，保证除了一个路径外所有路径的贡献在求和时都抵消了，所以日常经验和他的多重历史思想不矛盾。就宏观的物体运动而言，在无数的路径中只有一个是要紧的，这一轨道正是在牛顿经典运动定律中出现的那一个。

☄ 广义相对论和多重历史融合

霍金在理查德·费曼理论的基础上，把爱因斯坦广义相对论和多重历史思想合并，试图形成一个完备的统一理论。这实际上是将广义相对论和量子理论相结合，使其能描述在宇宙中发生的一切。

霍金有关宇宙可能具有多重历史的理论，否定了爱因斯坦的"上帝不掷骰子"的言论。相反，"上帝"可能是个地道的赌徒。我们可以将具有多重历史的宇宙想象成一个用于赌博的轮盘，骰子在轮盘中每次掷出的结果，就是宇宙可能存在的一种历史。

轮盘中的骰子

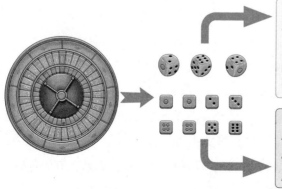

宇宙的情景和掷骰子很相似。当宇宙尺度很大，例如今日的宇宙，骰子被投掷的次数越多，其结果就会得出某种可预见的东西。

当宇宙的尺度非常微小，例如宇宙在大爆炸处的起始，投掷骰子的次数很少，这时不确定性原理非常重要。

☄ 寻找宇宙边界

霍金提出的统一理论并不能告诉我们宇宙是如何开始的，因此我们也就无法通过计算预测宇宙将如何发展。为此，霍金想到，如果能够找到所谓的"边界条件"，那么就可以通过宇宙在边缘的规则来算出宇宙的历史。

有两种观点描述了可能存在的宇宙边界：第一种观点认为，宇宙边界处在空间和时间的正常点上，我们可以穿越它并宣布更远的领域为宇宙的一部分；第二种观点认为，宇宙边界处于一个不整齐的状态，空间和时间在那里被挤皱而且密度无限大，这时若想定义宇宙边界则变得非常困难。

初始条件

物理学定律只有在得到初始条件的情况下，才能计算出某种结果。也就是说，霍金的统一理论虽然是一个自洽的理论，但是在未得到宇宙边界条件的情况下，也就无法计算出宇宙的多重历史。

如果我们向空中抛出一块石头，引力定律将准确规定石头后续的运动。但是我们光凭这些定律，不能预言石头将落在何处。我们还应该知道它离开我们手时的速度和方向。

换言之，我们必须知道其初始条件，也就是石头运动的边界条件。

☄ 虚时间中的宇宙

当霍金深入思考宇宙边界时，他和一位合作者詹姆·哈特尔意识到，宇宙边界还存在第三种可能性，那就是没有边界。宇宙在虚时间中没有开端或终结。虚时间是与实时间相对的概念，实时间是我们所能感受到的时间，而虚时间是我们感受不到的时间的第二维，也就是与实时间垂直的一维。

宇宙在实时间中的历史确定其在虚时间中的历史，反之亦然，但是两种历史可以非常不同。宇宙在虚时间中的历史可被认为是一个曲面，它可以像一个球面、一个平面或一个马鞍面，只不过是四维而不是二维的。这就意味着，如果宇宙在虚时间中的历史是一个闭合的曲面，就像地球表面那样，人们就可以在根本上避免边界条件的选取。

虚时间

　　虚时间是一个意义明确的数学概念，它是用所谓的虚数度量的时间，与我们通常感觉到正在流逝的实时间夹 90°角。

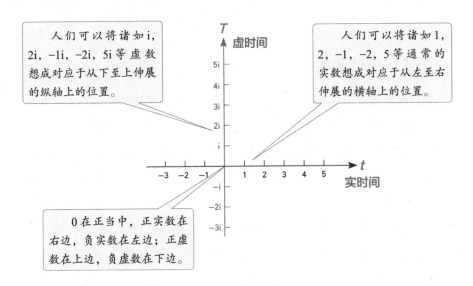

人们可以将诸如 i，2i，－1i，－2i，5i 等虚数想成对应于从下至上伸展的纵轴上的位置。

人们可以将诸如 1，2，－1，－2，5 等通常的实数想成对应于从左至右伸展的横轴上的位置。

0 在正当中，正实数在右边，负实数在左边；正虚数在上边，负虚数在下边。

　　如果宇宙在虚时间中的历史是一个闭合的曲面，宇宙就会是完全自主的，不需要上帝，不需要造物主。宇宙之外没有另一个主宰，宇宙中的任何东西都由科学定律以及宇宙中的"骰子的滚动"所确定。

宇宙的历史

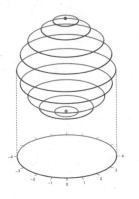

即便宇宙的边界条件是它没有边界，它也不仅仅只有一个单独的历史。它将具有多重历史，对应于每一种可能的闭曲面在虚时间中都存在一个历史，而在虚时间中的每一个历史都确定着其在实时间中的历史。

7. 人存原理：

宇宙必须像我们看到的样子

宇宙具有多重历史引出的另一个问题是，是什么东西从所有可能的宇宙中挑选出我们在其中生存的特殊宇宙呢？人存原理常常被用来解释这一问题。

🪐 多重历史的诘问

宇宙具有多重历史表明，以人类为代表的智慧生命所生活的宇宙，只是众多宇宙历史中的一种情况而已。宇宙在某个历史中，并不会经过形成星系、恒星和行星的一系列过程。我们都知道，人类的生命之所以能够延续，是因为有光及碳、氧、氢、氮等原始的化学元素，而这些都建立在宇宙拥有星系和恒星的必要条件之上。

或许有人会说，在没有星系和恒星的宇宙历史中，智慧生命也许可以照样演化，但这似乎是不太可能的。因此，我们要问："宇宙为何是这样的？"对于

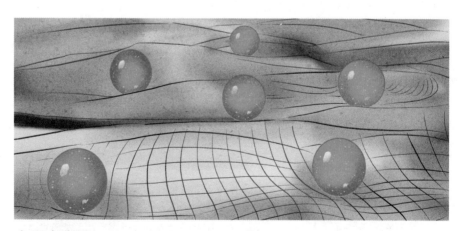

多重宇宙论

多重宇宙论又被称为"多元宇宙论"，指的是一种在物理学里尚未证实的假说。在我们的宇宙之外，很可能还存在着其他的宇宙，而这些宇宙是宇宙的可能状态的一种反应，这些宇宙其基本物理常数可能和我们所认知的宇宙相同，也可能不同。

人类而言，存在多个不包含智慧生命的宇宙并不会引起科学家的关注，甚至作为普通人的我们也难提起兴趣。但是，我们会对存在智慧生命的那些宇宙历史感兴趣，那里不必存在和我们现在宇宙所一致的星系和恒星，智慧生命也不必

智慧生命存在的条件

智慧生命存在的必要条件共有 20 条之多，但最为重要的是以下 6 条：

条件一：存在液体的水

水的化学特性支持以碳元素为基础的生命。在生物体内，水可溶解各种营养物质。

条件二：需要一个有氧的大气

大气由 78% 的氮气、21% 的氧气和不足 1% 的二氧化碳气体等组成。大气层确保了温和的气候，阻挡了各种来自宇宙的有害辐射。

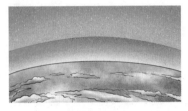

条件三：行星和恒星之间的距离

以太阳系为例，满足生命条件的区域只存在于金星和木星之间，区域非常狭窄。

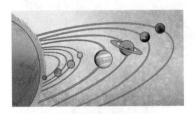

条件四：大小适合的磁场

在地球内部的深处，液态的铁流动产生了一个磁场，这是复杂生命必需的保障之一。

条件五：拥有一颗环绕旋转的卫星

以月球为例，月球的引力稳住了地球转轴的角度，确保了适中的四季变化和温度。

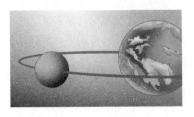

条件六：拥有一颗大小适宜的恒星

以太阳为例，太阳强大的引力可以锁住地球，使地球的自转和公转变得同步。这样地球各处区域都能均匀地接收到阳光。

长成人类的样子。当然，在另一个拥有智慧生命的宇宙历史中，他们或许比人类更加优秀，科学文明更加先进。

🪐 人存原理对宇宙的认识

当人们讨论多重宇宙历史可能拥有的样貌时，人存原理认为，我们之所以看到的宇宙是这个样子，是因为如果它不是这样的话，我们就不会在这里去观察它，也就不会提出这些问题。（科学工作的一切活动如果脱离了人的存在，就不会有任何意义可言。人存原理告诉我们，我们对宇宙的认识和描述，都带有我们人类特有的认知能力。）

在无边界的设想的框架内，人们可以利用费恩曼规则，把量赋予宇宙中的每一个历史，去发现宇宙中的哪个性质很有可能发生。在这种情况下，因为要

人存原理

人存原理具有多种不同版本，从弱到无聊的，到那些强到荒谬的程度。大多数科学家对人存原理强的版本持怀疑态度，但却对弱的版本不加异议地相信。

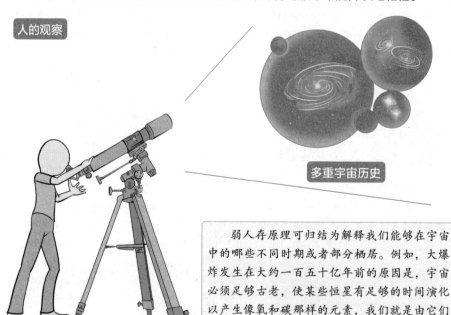

人的观察

多重宇宙历史

弱人存原理可归结为解释我们能够在宇宙中的哪些不同时期或者部分栖居。例如，大爆炸发生在大约一百五十亿年前的原因是，宇宙必须足够古老，使某些恒星有足够的时间演化以产生像氧和碳那样的元素，我们就是由它们构成的；同时，宇宙也必须足够年轻，使得某些恒星仍然在提供能量以维持人类的生命。

求历史必须有生命存在并且是有智慧的，所以必须贯彻人存原理。当然，如果人们能证明宇宙的一些不同的初始状态，很可能演化到产生像我们今天观察到的一个宇宙，人们将会对人存原理更加欢欣鼓舞。

☄ 为何空间是三维的

既然宇宙可能具有多重历史，那么为什么我们周围的空间是三维的，而不是二维、四维或者八维等更多维度的呢？解释这个问题需要人存原理的帮助。如果宇宙空间是二维的，人类将会变成一个平面；当我们吃下一颗苹果时，身体将会被一分为二。所以只有两个平坦方向对于任何像智慧生命这样复杂的生物是不够的。

二维宇宙空间里的人

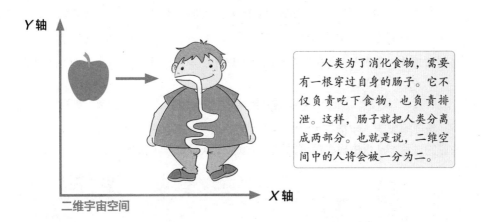

人类为了消化食物，需要有一根穿过自身的肠子。它不仅负责吃下食物，也负责排泄。这样，肠子就把人类分离成两部分。也就是说，二维空间中的人将会被一分为二。

Y 轴

二维宇宙空间

X 轴

另外，如果存在 4 个或者更多个的几乎平坦的方向，那么两个物体之间的万有引力在它们互相靠近时就增加得更快。这就意味着行星们没有围绕其太阳公转的稳定轨道。它们要么会落到太阳中去，要么逃逸到黑暗和寒冷的太空去。

大的宏观宇宙是这样，小的微观粒子也是这样。原子中的电子轨道也不稳定，因此我们所知的物体便不存在。这样，尽管多种宇宙历史的思想允许任何数目几乎平坦的方向，但只有具有三个平坦方向的历史才包含智慧生命。

8. 宇宙尺度加倍：

能量暴胀创造更多的物质

暴胀理论为膨胀宇宙的标准图景做了一点小小的修改：在宇宙历史上有一个非常短暂的阶段，宇宙加速膨胀。这个小小的修改产生了深远的意义。

🪐 暴胀宇宙的由来

科学家通过观察宇宙背景微波辐射发现，无论我们观测任何方向，背景辐射的温度总是一样的。这意味着，宇宙的初始状态在任何地方都应具有完全相同的温度。

从热大爆炸模型可知，在早期宇宙中，热量来不及从一个区域流到另一个区域。因此科学家提出，早期宇宙也许经历了一个非常快速膨胀的时期。这个膨胀被称作"暴胀"，这意味着它以不断增加的速率膨胀，而不像我们今天观察

宇宙暴胀与背景辐射

新证据表明，宇宙在大爆炸后不到万亿分之一秒的时间里，经历了一个极速膨胀的过程，从仅由显微镜可见的尺寸暴胀成天文数学的规模。

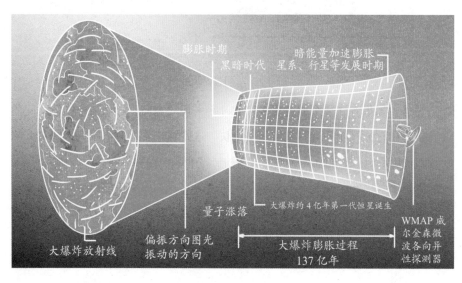

到的那样以减小的速率膨胀。

这种暴胀相，就可解释为什么宇宙在每一个方向都显得相同，因为在早期宇宙中，光有足够的时间从一个区域传播到另一个区域。

宇宙暴胀模型

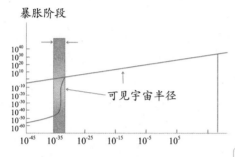

可见宇宙半径

阿兰·古斯，美国物理学家、宇宙学家，麻省理工学院教授。1981年，古斯正式发表了他的第一个暴胀模型。

安德烈·林德，宇宙学家，斯坦福大学教授。他是最早提出暴胀宇宙学的学者之一，并修正了古斯的模型。

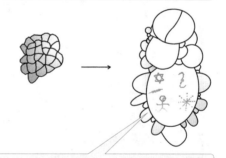

设想宇宙是无限的某种混沌的随机初始状态。某些空间区域中的条件容许出现相当规模的暴胀，以产生一个尺度恰如我们今日所见的可观测宇宙。在其他区域中则不然。

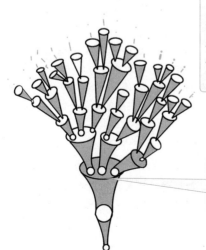

暴胀一旦开始，它似乎就会永远继续下去。在我们的视界之外，必定存在着仍在经历暴胀的区域。

☄ 物质和真空能量制约暴胀

宇宙中除了物质，还包含真空能量，这种真空能量存在于表观空虚的空间中。根据爱因斯坦著名的方程可以得出，这种真空能量具有质量，这意味着它对宇宙膨胀具有引力效应。也就是说，物质使膨胀缓慢下来，并最终能使之停止而且反转；而真空能量恰恰相反，它使膨胀加速，正如暴胀那样。

事实上，真空能量就像爱因斯坦所提出的宇宙常数那样。爱因斯坦早在宇宙膨胀被发现之前，便制作了宇宙模型。他当时认为，宇宙既不膨胀也不收缩，是永恒不变的。但是他发现，物质引力会破坏宇宙的这种平衡，于是他提出，"空间自身具有一种斥力效应，能够抵消物质引力的吸引效应"。

爱因斯坦将宇宙空间具有的这种斥力叫作"宇宙斥力"，或者叫作"宇宙常数"。虽然爱因斯坦后来认为添加宇宙常数进去是一个错误，但如今来看，这或许根本就不是错误。

宇宙常数简史

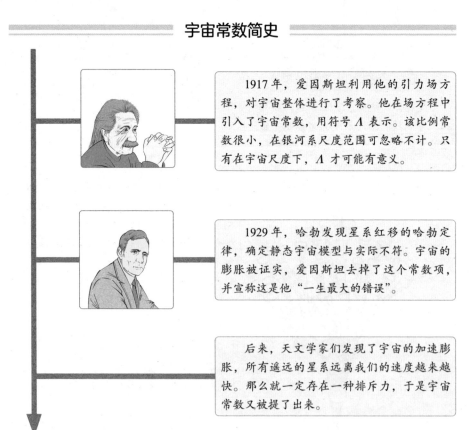

1917年，爱因斯坦利用他的引力场方程，对宇宙整体进行了考察。他在场方程中引入了宇宙常数，用符号 Λ 表示。该比例常数很小，在银河系尺度范围可忽略不计。只有在宇宙尺度下，Λ 才可能有意义。

1929年，哈勃发现星系红移的哈勃定律，确定静态宇宙模型与实际不符。宇宙的膨胀被证实，爱因斯坦去掉了这个常数项，并宣称这是他"一生最大的错误"。

后来，天文学家们发现了宇宙的加速膨胀，所有遥远的星系远离我们的速度越来越快。那么就一定存在一种排斥力，于是宇宙常数又被提了出来。

我们现在意识到，量子理论意味着时空充满了量子涨落。在一种超对称理论中，这些基态起伏的无限大的正的和负的能量，在不同自旋的粒子之间刚好对消。但是，因为宇宙不处于一种超对称态，所以我们不会指望正的和负的能量被完全对消，甚至连小的有限的真空能量都不会遗留下来。

物质和真空能量的交集

科学家通过对超新星、物质成团和背景辐射的观测发现，这三个区域有一个共同的交集。然后结合远处超新星、背景辐射和宇宙中物质的分布可以比较好地估算宇宙中的真空能量和物质密度。如果物质密度和真空能量处于这个交集，它意味着宇宙膨胀在长期变缓慢之后已开始重新加速。因此得出一个结论，宇宙暴胀可能是自然的一个定律。

超新星、物质成团和背景辐射图表

我们通过各种观测可以试图确定宇宙中物质和真空能量。我们可用一张图来标明此结果，水平方向表示物质密度，而垂直方向表示真空能量。点线显示了智慧生命能够发展的区域边缘。

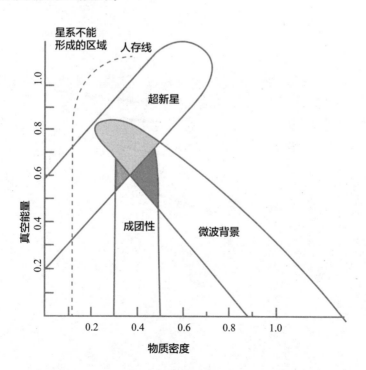

第四章

预言未来

人类总想控制未来，或者至少要预言将要发生什么。

——史蒂芬·霍金

1. 占星术：
人类预言未来的最初尝试

我们能够知晓未来吗？在过去，人们通常将占星术作为预知未来的手段，水晶球中显示的答案将指示他们将做出何种选择。

🪐 从占星家到"天空立法者"

1595 年，野心勃勃的奥斯曼帝国再次入侵欧洲，已经饱经战乱的人们，还要继续忍受这个尤为难熬的冬天。翻开年历，原来早有预言："好战的土耳其人将入侵奥地利。""这年的冬天将特别寒冷。"预言的"应验"，让这部占星年历的编纂者声名鹊起，他的名字叫约翰内斯·开普勒，当时还不到 24 岁。

日后人们将会知道，这个年轻的占星家因为窥破了行星运动的奥秘而被称为"天空立法者"。

开普勒三大定律

开普勒第一定律（椭圆定律）：所有行星分别在大小不同的椭圆轨道上围绕太阳运动，太阳是在这些椭圆的一个焦点上。

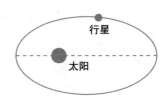

开普勒第二定律（面积定律）：太阳和行星的连线在相等的时间内扫过的面积相等。

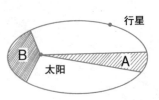

开普勒第三定律（周期定律）：所有行星的椭圆轨道的半长轴的三次方跟公转周期的平方的比值都相等。

$$k = \frac{a^3}{T^2}$$

☄ "占星大师"

占星术，就是通过观测和解释日、月、星辰的位置及其变化来预言人世间事物的一种活动。事实上，直到欧洲文艺复兴时期，天文学与占星术仍然没有真正地区分开来。不仅是开普勒，我们熟悉的一些天文学巨擘，如第谷、伽利略等人，他们在当时同样是享有盛名的"占星大师"。

预言越是模糊，就越是立于不败之地。现在依然有"每周星座运势"之类频频出现在一些杂志或网站的相关版块，这些栏目中的预言也不过是"白羊座的你本周将会在工作中遇到一些挑战，如果不能谨慎处理的话将带来很大的麻烦"，事实上，所有人的工作都会遇到挑战，所有事情如果不谨慎处理都会遇到麻烦。这些话永远那么左右逢源，任谁也难以将它证伪。

终归说来，想从占星家那里真正得到一些未来的消息，注定是不可能的。

曾经的"占星大师"：约翰内斯·开普勒

1571 年生于符腾堡。

1594 年起在格拉茨担任中学教师。

1596 年完成自己第一部基于"日心说"的天文学著作，并因此得到第谷赏识，成为其助手。

1601 年，观测天文学大师第谷·布拉赫去世，临终前将大量资料赠予开普勒。

1609 年到 1619 年，先后发现行星运动三大定律。

2. 上帝说，让牛顿去吧：
牛顿定律及其预言能力

从宇宙中天体的运行到院子里一颗苹果的掉落，牛顿定律给出了令所有人满意的答案。

☄ "无所不能"的牛顿理论

1687 年，在开普勒发现行星运动三大定律半个多世纪之后，伟大的艾萨克·牛顿提出了三大运动定律和万有引力定律，经典物理学的基石从此奠定。当时已知的一切运动形式和现象，运用牛顿定律都能够给出合理解释与精准预言。就像诗人亚历山大·蒲柏赞美的那样：

自然与自然的规律隐藏在黑暗之中，

上帝说："让牛顿去吧！"

于是一切成为光明。

牛顿定律的神奇预言

1. 揭秘了潮汐现象。牛顿指出，月球对地球上海洋引力的变化造成了潮水的涨落。

2. 预测了地球形状。牛顿经过计算后认为，地球因为自转会在赤道附近隆起，在两极附近变平，形成一个扁球体。这一结论后来在 1735 年被法国两支分赴赤道和高纬地区的科考队证实。

3. 预言了哈雷彗星的回归。

4. 通过数学计算发现了海王星。

北极

6 356.755 千米

赤道   6 378.160 千米

南极

☄ 哈雷彗星的预言

1684 年，在英国皇家学会的一次聚会中，埃德蒙·哈雷、罗伯特·胡克和克里斯托弗·雷恩三人讨论起引力与行星的椭圆运动轨道之间的关系。

胡克神秘地说，他已经从开普勒定律中推导出引力按平方反比关系随距离递减，并已经完成了证明，只不过在正式发表之前不能向他们二人透露。哈雷则认为胡克不过是大言欺人，根本不相信他能够完成证明。

眼见二人争执不下，雷恩提出一个慷慨的提议：要是谁能给出真正的答案，他愿意给这个人一份不菲的奖励。

在好胜心的驱使下，哈雷前往剑桥大学，向胡克的一生之敌、时年 42 岁的牛顿请教。

对于胡克，牛顿是轻蔑的，二人十余年前便有过节，在光学领域曾有过激烈交锋。听完哈雷的话，牛顿只是云淡风轻地说，这个问题他 4 年前便已解决，只是具体的证明过程记不清放在什么地方了。

哈雷急不可待，请求牛顿重新写一份证明来看。牛顿答应了，用了 3 个月

埃德蒙·哈雷与哈雷彗星

埃德蒙·哈雷（1656—1742），英国天文学家、地理学家、数学家、气象学家和物理学家，曾计算出哈雷彗星的公转轨道，并预测该天体将再度回归。

的时间重写并进一步改进了这个证明。随后，他又用了18个月的时间将自己的思想发展推衍，《自然哲学的数学原理》就在这种背景下诞生了！

牛顿的理论给哈雷的研究带来了革命性的突破。哈雷仔细比对了1337年至1698年间的彗星历史观测记录，发现1531年、1607年和1682年出现的彗星有着非常相似的轨道要素。这意味着，这3次记录实际上可能是同一颗彗星的多次光临。那么，彗星同样应该在将来某个时间再度回归。

哈雷运用万有引力定律，成功推算出这颗彗星的轨道和周期。根据所得结果，他预言，这颗彗星必将于1758年年末或1759年年初又一次回归！耄老的哈雷等不到那一天了，他写道："如果彗星最终根据我们的预言，大约在1758年再现的时候，公正的后代将不会忘记这首先是由一个英国人发现的……"后来果然如哈雷所料，这颗彗星因而被命名为"哈雷彗星"。

🪐 笔尖下发现海王星

1781年，威廉·赫歇尔用自制的望远镜发现了天王星，举世轰动。因为地球与水、金、火、木、土六大行星都是自古所知的，而赫歇尔是人类历史上第一次发现太阳系第七个行星，这注定意义非凡。人们对这个太阳系新成员兴趣

威廉·赫歇尔和他自制的大望远镜

威廉·赫歇尔生于汉诺威，曾是军队里的一名乐手，有很高的音乐天赋。他后来逃到英国，在一部科普著作的影响下走上天文学研究之路。他自学磨镜工艺，制作了很多性能卓越的望远镜，并以此第一个发现天王星。

十分浓厚，也渐渐地发现了其诡异之处：天王星实际运动轨道，与牛顿万有引力定律所预言的位置明显存在偏差。

看起来，牛顿定律遇到了一次重大挑战。一些人怀疑，是不是牛顿定律存在着某种疏漏，导致计算结果与实际不符？但是考虑到牛顿理论体系的严密性和它此前屡屡获得的胜利，更多的人认为，问题其实出现在天王星轨道外的某个地方。在那里，可能存在某个质量不小的未知行星，其引力使天王星的运行受到了干扰。

1846 年 9 月，来自巴黎综合理工学院的天文学教师勒维耶根据天王星实际运动状态的偏差，运用万有引力定律，成功地反向推导出未知行星的质量和轨道。勒维耶十分兴奋，致信德国柏林天文台的天文学家加勒，请求他在自己论文预言的区域进行搜索。果然，就在收到信件的当晚，加勒及其助手就成功找到了它，而其位置与勒维耶笔下计算的结果仅相差 1 度！这颗笔尖下发现的新行星，就是太阳系第八大行星——海王星。

海王星的发现者——勒维耶

勒维耶（1811—1877），法国天文学家，1931 年毕业于法国工艺学校，后担任天文学教师，在 35 岁时运用牛顿定律成功计算出海王星轨道，自此名声大噪，曾两度出任法国天文台台长，广受赞誉。

对哈雷彗星的成功预言，令问世不久的牛顿理论广受赞誉，而此次勒维耶成功地在笔尖下发现海王星，更是让全世界彻底被它的美妙、普适和精确折服。

另外值得一提的是，此前英国人亚当斯也曾试图运用万有引力定律预言海王星的位置，只不过他的计算结果精确度稍差，也没有得到应有的重视，致使最终与这份荣誉失之交臂。

3. 用科学预言：
拉普拉斯决定论

牛顿经典物理体系在它诞生后的数个世纪内展现了其惊人的预言能力，看起来，物理学家要比曾经的占星术士更擅长预见未来。

🪐 拉普拉斯与他的恶魔

有这样一只小恶魔：他的眼界无比宽广，宇宙间万事万物的性质及运动状态都能一览无遗；他的大脑无比发达，不管多么庞大的信息，无论多么复杂的运算，转瞬之间就能够完成存储和处理。这只小恶魔，是法国科学家皮埃尔·西蒙·拉普拉斯的大脑创造出来的，人们常称之为"拉普拉斯妖"。拉普拉斯说，这只妖能够预言未来的一切。

在最初的版本中，拉普拉斯是这么描述的："我们应将宇宙的现在视作过去之果和未来之因。某时若有位智者通晓大自然一切物体的当下位置和作用力，只要其智慧强大到足以解析这些数据，那么从宇宙中最大天体到最小粒子的运

皮埃尔·西蒙·拉普拉斯

皮埃尔·西蒙·拉普拉斯（1749—1827），法国数学家、物理学家、天文学家，法兰西科学院院士，1817年任法兰西科学院院长，为19世纪初最负盛名的科学家之一，被誉为"法国的牛顿"。

动就都可以被囊括在一个简单的公式之中。对他而言，没有什么是不确定的，未来正如过去一般清晰可见。"这就是"拉普拉斯决定论"的完整表述。那个时候，这只妖还被称为"智者"呢。

拉普拉斯决定论是在19世纪初被提出的，那正是经典物理高歌猛进的时代，牛顿定律和其他经典理论对事物的预言屡屡大获全胜。这个世界，似乎已是物理学家们掌中透明的水晶球。

拉普拉斯决定论的困境

最终我们不得不承认，物理学能够帮我们预言很多事，但它无法告诉我们关于未来的一切。

"南美洲亚马孙河流域热带雨林中的一只蝴蝶，偶尔挥动几下翅膀，可以在两周以后引起美国得克萨斯州的一场龙卷风。"初始状态发生极其细微的改变，往往会导致最终结果产生极其重大的差异。"蝴蝶效应"表明，拉普拉斯决定论在实际应用中其实是行不通的。

20世纪兴起的量子理论，将本来固若金汤的经典物理理论摧毁得面目全非。根据海森伯的不确定性原理，对于一个微观粒子，不可能同时精确地测量出其位置和动量。这样一来，量子物理就从理论上阻止了拉普拉斯妖同时知晓两者，拉普拉斯决定论自然也就不能成立。

除此之外，宇宙中还有两个地方是拉普拉斯妖无论如何也无能为力的，那就是黑洞和虫洞。本章的后面内容和第五章将会更详细地进行探讨。

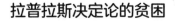

拉普拉斯决定论的贫困

蝴蝶效应：初始状态的细微改变，也能导致结果的重大差异。

黑洞：被黑洞吞噬之后，信息可能永远丢失。

拉普拉斯妖
注定
无法预知
所有事情

不确定性原理：对于一个微观粒子，不可能同时知晓其位置和动量。

虫洞：那是一个时空极度扭曲的地方，将有很多不可思议的事情发生。

4. 连光都逃不出去：

吞噬一切的"暗星"

"黑洞"可能是最广为人知的一个宇宙学名词了，但在过去，人们通常称它为"暗星"。

☿ "暗星"的预言

假设我们有一门足够强力的大炮，向天空中发射炮弹，如果炮弹射出时的速度足够大的话，那么根据牛顿定律，这颗炮弹将能够彻底摆脱地球引力的束缚，逃离地球，向太空飞去。

1783 年，来自英国剑桥大学的一位教士，约翰·米歇尔考虑了这样一个问题：根据牛顿定律，质量越大的天体，要摆脱其引力束缚就越困难，所需的逃逸速度也就越大——假如宇宙中有一个超大质量天体，其逃逸速度甚至超过了光速，那么是不是意味着光也将无法逃离？这样的话，这个天体必将是无法被

三个宇宙速度

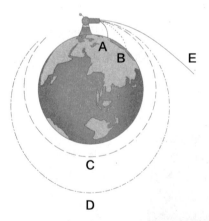

第一宇宙速度：离开地球表面，环绕地球做同步运动所需的最小发射速度，为 7.9km/s。

第二宇宙速度：摆脱地球引力束缚，飞向行星际太空所需的最小逃逸速度，为 11.2km/s。

第三宇宙速度：摆脱太阳引力束缚所需的最小速度，为 16.7km/s。

1.A、B 的速度都小于第一宇宙速度，所以它们将会回落到地球。
2.C 的速度达到了第一宇宙速度，围绕地球做同步运动。
3.D 的速度达到了第二宇宙速度，能够摆脱地球引力束缚。
4.E 的速度达到了第三宇宙速度，将会逃离太阳系。

看到的"暗星"。13 年后，法国科学家拉普拉斯在其巨著《宇宙系统论》中也表达了同样的观点。

🪐 施瓦西黑洞

最早运用广义相对论探讨黑洞存在的科学家是德国的卡尔·施瓦西。

直到 1915 年 11 月，爱因斯坦才终于将引力成功纳入相对论体系中，建立了广义相对论。在结果发表仅 2 个月，爱因斯坦即收到了一封来自前线的信函——卡尔·施瓦西的一篇论文。

当时正值第一次世界大战，43 岁的施瓦西也被征调到了战场，在惨烈战争的间隙，施瓦西第一次读到了爱因斯坦广义相对论的论文。一流物理学家的敏锐嗅觉，使施瓦西很快意识到这篇论文可能会彻底改变人类对宇宙的固有观念。几乎就在战壕里，施瓦西即着手演算，寻找爱因斯坦的新理论在天文学领域的应用。

由于条件有限，施瓦西只考虑了完全没有旋转的球状星体，这将使运算大大简化。施瓦西证明，宇宙中存在这样一种极为致密的天体，使得周围的时空极度地弯曲，在它的表面，时间由于无限地膨胀而不再流逝，彻底地被冻结在某个永恒的瞬间，而光也由于它强大的引力不再存在！

自此，有些人意识到，"暗星"也许真实存在。

卡尔·施瓦西与黑洞

视觉

施瓦西半径（Rs）

奇点

奇点是黑洞的中心，视界又称"事件边界"，是黑洞的边缘。根据施瓦西的计算，施瓦西半径（RS）取决于黑洞的质量，可表述为：

$$R_s = \frac{2GM}{c^2}$$

其中，c 为光速，G 为引力常数，M 为黑洞质量。

5. 坍缩:

恒星的终局

恒星的一生，就是用自身奔腾不息的能量抵抗万有引力的过程。当恒星衰老时，引力将告诉它最终的结局是什么。

🪐 太阳的命运

一个有远见的人应该为这样的事实而感到忧心：太阳将在 50 亿年后走向死亡。

太阳内部核聚变反应过程

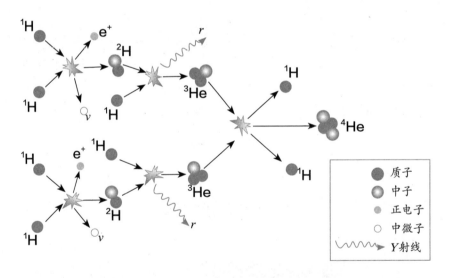

具体过程分为 3 个步骤：

（1）2 个质子（即氢核）相碰撞并发生聚变，形成由 1 个质子和 1 个中子组成的氘原子，同时释放出 1 个正电子和 1 个中微子。

（2）正电子和电子结合，彼此湮灭，质量消失的同时释放出大量能量。氘核与质子相撞，结合为 2 个质子和 1 个中子组成的 ^{3}He。

（3）最后，2 个 ^{3}He 结合成 1 个真正的氦原子核，同时产生 2 个质子。

以上过程是源源不断的链式反应，最后的结果是：

4 质子→氦核 +2 中微子 + 能量

自打太阳从原恒星星云中脱胎而来，到现在，它已经燃烧了 46 亿年。说是"燃烧"，实际上它并非像点燃煤炭那样通过剧烈的化学反应发光放热，事实上，太阳内部进行的是一种效率极高的核反应——核聚变。

太阳以其自身极微小的质量损失换来了足够尽情挥霍的巨大能量。在此过程中，氢元素在持续不断地减少。尽管微乎其微，但当时间的跨度以 10 亿年计，这种减少就变得不容忽视了。据计算，太阳自身的燃料只能保证它稳定燃烧 100 亿年，之后将逐渐迎来自己的末日。

到那时，太阳的结构将发生改变，变得十分"虚胖"，成为一颗红巨星。红巨星阶段是恒星演化过程中一个很不稳定的阶段，在这个时期，恒星表面的温度开始降低，因此呈现红色；与此同时，它的体积却大大地增加，成为一颗巨星。此时，臃肿的太阳将会把水星、金星彻底吞没，并与地球紧紧地挨在一起，不难想象，那时的地球将成为炽烈的炼狱！

之后，其外层将剧烈向外扩张，而其内核则在万有引力的作用下持续地向内坍缩。在坍缩过程中，内核温度继续升高，促成氦元素也发生聚变，最终形成碳元素组成的致密内核。结局便是，外部包层将转变为美丽的行星状星云而飘散到茫茫宇宙，致密的碳内核将赤条条地裸露出来，人们赋予它一个新名字——白矮星。

太阳的生命周期

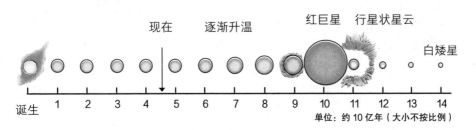

现在　逐渐升温　　　　红巨星　行星状星云

白矮星

诞生　1　2　3　4　5　6　7　8　9　10　11　12　13　14

单位：约 10 亿年（大小不按比例）

> 恒星的生命周期：一颗恒星的寿命最主要取决于它的质量。质量越大，核反应的过程越剧烈，核燃料消耗得越快，寿命越短；质量越小，核反应的过程越缓慢，细水长流，恒星的寿命反而越长。

🪐 白矮星

作为夜空中最亮的恒星，很多古代文明都对天狼星给予了格外的关注。埃及人注意到，当天狼星在黎明时从东方升起，尼罗河也同时泛滥，耕种的时节即将到来。为此，他们根据天狼星的出现日期制定了太阳历，而这正是现行公历的源头。

中国古代对天狼星的认识

在中国古代，钦天监常常会对夜空中的某几颗星格外注意，他们相信，这些星体的运行状态或明暗变化与人间联系紧密。在冬季夜空东南方出现的"天狼"，是北方蛮族入侵者的象征，与兵革之事相关。

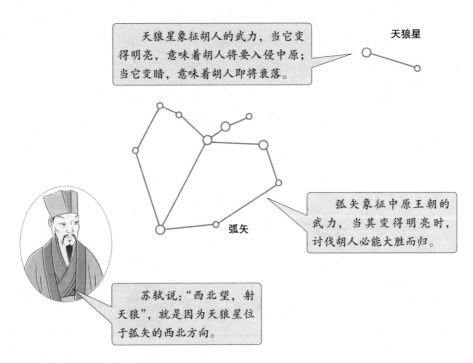

天狼星象征胡人的武力，当它变得明亮，意味着胡人将要入侵中原；当它变暗，意味着胡人即将衰落。

天狼星

弧矢象征中原王朝的武力，当其变得明亮时，讨伐胡人必能大胜而归。

弧矢

苏轼说："西北望，射天狼"，就是因为天狼星位于弧矢的西北方向。

直到1862年，人们才认识到，原来天狼星并不"孤独"，它实际上属于一个双星系统，身边的那个"伙伴"是一颗不易看到的白矮星。

天狼伴星是人类发现的第一颗白矮星，也是距离我们最近的白矮星，只有8光年之遥。之所以才被发现，是因为它实在太"矮"了。"矮"是天文学领域对天体大小的描述（如白矮星、褐矮星、黑矮星等），白矮星的体积通常和一颗中等行星相差不多，大约只有太阳体积的百万分之一。不过，可不能因此小看它。如同压缩饼干一样，白矮星物质被紧紧地压缩在一起，极为致密，地球上没有任何一种物质的密度能与它相比。假如你晚上刷牙的时候，挤出来的那一点牙膏换成白矮星物质的话，算起来质量大约有 4 吨多呢！

白矮星是恒星演化的末期形态，核反应在此时已经完全停止，但余温尚在，星体的表面温度能达到 20 万开尔文，因此呈现出白光，就好像从火炉中夹起的一块煤炭。随着时间的流逝，白矮星终将彻底地熄灭、变暗……

钱德拉塞卡极限

1930 年 7 月，20 岁的苏布拉马尼扬·钱德拉塞卡离开了家乡马德拉斯，一座濒临孟加拉湾的印度城市，踏上了前往英国剑桥的客船。18 天的漫长航程，令钱德拉塞卡感到十分乏味，他拿起了笔，演算起白矮星的结构问题。对于刚刚完成本科学业的钱德拉塞卡来说，这算是一个令人兴奋的挑战。

在上大学的时候，钱德拉塞卡曾赢得一次学术竞赛，奖品是英国物理学家亚瑟·爱丁顿的名作《恒星的内部结构》。这部书一直被他视作珍宝，随时带在身边。爱丁顿指出，恒星向外的气体压力和向内的引力之间形成了一种平衡，共同维持着恒星结构的稳定。类似于一个气球，如果气体压力超过引力，恒星将向外膨胀；相反，如果气体压力小于引力，恒星将向内收缩。

亚瑟·爱丁顿

爱丁顿在物理学和天文学领域卓有建树，在其著作《恒星的内部结构》中正确预言了恒星聚变发光的机制。

爱丁顿是世界上最早理解相对论的人之一。曾有人问爱丁顿："听说您是世界上理解相对论仅有的三个人之一？"爱丁顿沉默不语。那人说："别害羞嘛，亚瑟！"爱丁顿却回答说："哦，不，我在想那第三个人是谁！"

可是，气体压力源于受热时的膨胀，白矮星作为一个已经熄灭的死星，它又靠什么制衡强大的引力呢？只能是电子简并压力。电子简并是一种量子力学现象，由于电子的排他性，它必须独占一个位置，因此当物质被狠狠压缩时，电子就变得像钢珠一样，阻止进一步地压缩。

经过仔细、深入地计算，钱德拉塞卡惊讶地发现：假如白矮星的质量足够大的话，电子简并压力将无法承受其自身极其强大的引力，白矮星将发生坍缩，甚至成为一个没有体积的"暗星"！

恒星演化各阶段示意图

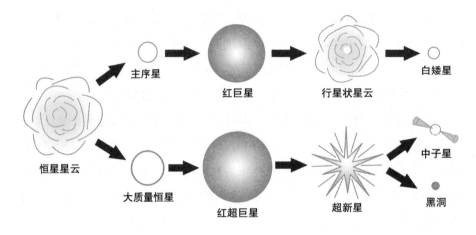

主序星

红巨星

行星状星云

白矮星

恒星星云

大质量恒星

红超巨星

超新星

中子星

黑洞

> 根据恒星初始质量的不同，恒星的结局可能是白矮星、中子星或者黑洞。

客船终于抵达了目的地。怀着深深的疑惑，钱德拉塞卡踏上英国的土地，来到了剑桥大学，他一直仰慕的爱丁顿也在这里。

4年之后，已经拿到博士学位的钱德拉塞卡，将白矮星质量极限的问题又进行了一番更为透彻的分析和计算。这个过程困难重重，计算量大得惊人。多亏楼下爱丁顿借给他的那台"布伦瑞克"手摇计算机，这可帮了大忙。功夫不负有心人，钱德拉塞卡终于确认，他的理论是正确的，没有一颗白矮星能够比1.4个太阳更重，后来人们称之为"钱德拉塞卡极限"。

两周后，钱德拉塞卡向皇家天文学会报告了这个发现。然而，紧接着发言

钱德拉塞卡

1910 年，钱德拉塞卡出生于印度旁遮普。

1925 年，15 岁的钱德拉塞卡考入大学。

1930 年，钱德拉塞卡获得奖学金，前往剑桥大学三一学院深造。在旅途中，他成功计算出白矮星的质量上限。

1933 年，获得剑桥大学的博士学位，留校成为研究员。

1934 年，完善白矮星质量上限相关计算，并因在 1935 年初皇家天文学会发表的报告同爱丁顿发生争论。

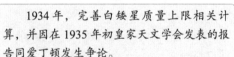

1983 年，因"对恒星结构和演变有重要意义的物理过程的理论研究"，钱德拉塞卡荣获诺贝尔物理学奖。

的爱丁顿却狠狠地批判了一番。爱丁顿毫不怀疑地认为，恒星绝无可能坍缩成黑洞！自然界一定存在某种尚未认识的事件或定律，来挽救这颗恒星，阻止这样的坍缩进行到最后。推算时，钱德拉塞卡曾将量子力学和狭义相对论结合在一起，这在 20 世纪 30 年代来讲是极具创造力的。然而顽固的爱丁顿却否定了这种结合，并讽刺说"这样的产儿，我想不会是合法婚姻的结果。"

　　会议结束后，钱德拉塞卡的心情跌落至谷底，他的朋友也说："太糟了，这太糟了。"爱丁顿是当时的学术权威，其他的物理学家即使有不同意见（事实上反对爱丁顿的人有很多），出于谨慎，也不敢轻易挑战。放眼整个物理学界，竟没有一个人真正站出来公开声援钱德拉塞卡！

爱丁顿的否定，令钱德拉塞卡的学术之路变得异常艰难。但历史会告诉人们，钱德拉塞卡是对的，爱丁顿错了。1983年，已经两鬓斑白的钱德拉塞卡从瑞典国王手中接过了诺贝尔金质奖章，奖励他在恒星结构和演化方面的研究。而此时，距离他从印度到英国的那次航行，已经相隔整整半个世纪了。

中子星与奥本海默极限

1967年，剑桥大学年仅24岁的女研究生约瑟琳·贝尔，观测到了一组奇怪的无线电信号。这是时间间隔为4/3秒的脉冲，来自宇宙中某个特定的方位。她的导师安东尼·休伊什听闻这个消息，兴奋不已。"会不会是外星文明发来的电波呢？"休伊什思忖。他将这组信号记作"LGM"，即"Little Green Man"，因为他最近正痴迷于一本精彩的科幻小说，其中的外星人个个都皮肤发绿、身材矮小！

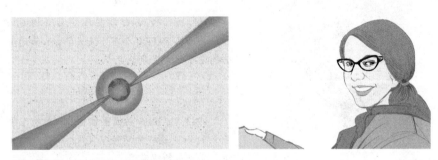

约瑟琳·贝尔和中子星

　　约瑟琳·贝尔发现了中子星，这使得她的导师安东尼·休伊什获得了1974年的诺贝尔物理学奖。

实际上，这些脉冲信号并非来自"小绿人"，而是旋转的中子星。和白矮星一样，中子星也是恒星演化的产物。当一颗大质量恒星（太阳质量的8～12倍以上）走到暮年时，它会将自己一生的能量尽情释放，自身亮度陡然攀升，达到太阳的数千亿倍，在长达数百天的时间内照亮整个星系！

这是大质量恒星最后的壮烈，被称为"超新星爆发"。在这个过程中，恒星核心经过多重复杂的聚变，最后在一瞬间轰然崩塌，极其剧烈的压缩使得原子核被彻底摧毁，只剩下由中子组成的致密内核，这便是中子星。

一颗中子星的质量和太阳差不多，但是它的体积却极小，大致相当于地球上一座小型的岛屿。可以想象，它的密度该有多么大！白矮星在它面前，也只是"小巫见大巫"了。

实际上，早在20世纪30年代中子刚刚被发现的时候，美国的兹威基和苏联的朗道就各自独立地预言过中子星的存在。美国物理学家奥本海默对此燃起了巨大兴趣。1939年，奥本海默和他的学生们（那时他们尚未投入到原子弹的研究之中），沿着当年钱德拉塞卡的足迹，用同样的方法计算后发现，中子星同样具有一个质量上限，即"奥本海默极限"。按照现在修正后的结果，奥本海默极限大约是太阳质量的 2 ～ 3 倍。也就是说，一颗大质量恒星死亡后，如果它的遗骸质量超过奥本海默极限的话，最终将不可避免地形成黑洞。

白矮星、中子星和黑洞周围的时空

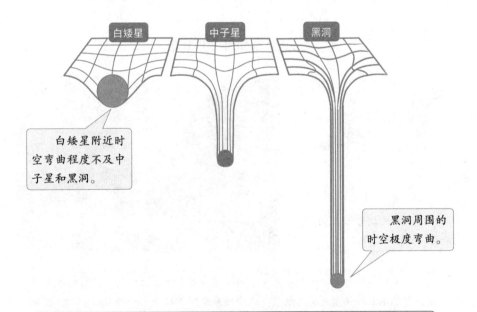

白矮星附近时空弯曲程度不及中子星和黑洞。

黑洞周围的时空极度弯曲。

根据爱因斯坦广义相对论，物体的质量决定了其周围时空的弯曲程度。白矮星、中子星、黑洞致密程度依次增大，周围时空的曲率也越来越大。

6. 煤库里找黑猫：
我们如何发现黑洞

黑洞不能发出光，我们要想发现黑洞，用霍金的话来讲，就好像"在煤库里找黑猫"。

🪐 观测黑洞带来的影响

早在 1783 年米歇尔预言"暗星"时，他便考虑了寻找方法：观测暗星自身强大的引力对周围物体的影响。确实，在看不到"真身"的情况下，我们不妨试着从它留下的蛛丝马迹中寻找。

在宇宙中，恒星也不太喜欢孤独，大部分都像天狼星那样成双结对，彼此组成一个双星系统。双星系统中，两颗恒星由于引力而互相围绕着旋转，其运动状态与单恒星有非常大的不同。就像一场舞会上，一对男女相互拉着手旋转，那些形单影只的人则自顾自地走动，二者很容易分辨。有候，一颗恒星可

双星系统中的黑洞

双星系统就好像互相围绕着旋转的一对舞者。

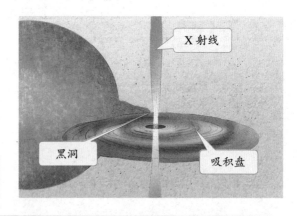

X 射线

黑洞

吸积盘

与黑洞共舞，这对于双星系统中的恒星伴星来说并不容易。黑洞的强大引力会贪婪地吸取伴星身上的物质，这些物质环绕在位于中心的黑洞旁边，形成一个扁平状旋涡，被称为"吸积盘"。吸积盘的温度非常高，发出大量的电磁辐射，其中就包括 X 射线。

能会围绕着某个看不到的"舞伴"奇怪地旋转，那也许就是一个无法被观测到的黑洞。

黑洞是个贪得无厌的饕餮巨兽，凭着自身强大的引力，它能够将伴星表面吹过来的恒星物质一口吞下，然后在嘴角流出一些咀嚼后的残渣碎末，也就是X射线。这是一个源源不断的过程，所以，如果能在双星系统中检测到X射线的话，那么我们将有更充足的信心断定它是一个黑洞。事实上，人类最早发现的黑洞天鹅座X-1就是这样被发现的。

当年剑桥大学的史蒂芬·霍金和加州理工学院的基普·索恩，两位当代天才物理学家曾打赌，霍金认为天鹅座X-1与黑洞无关，而索恩则坚称黑洞就在那里，结果就是霍金不得不为索恩订阅了整整一年的男性杂志《藏春阁》。（索恩后来很是感到难为情）当然，霍金实际上期待着输掉，因为他的大部分科研成果都与黑洞相关，如果最终发现黑洞根本就是子虚乌有，那么他大半生的努力都将付诸东流。

寻找星系中心的巨型黑洞

从20世纪80年代起，天文学家逐渐认识到，星系的中央实际上是一个超大质量黑洞。它在撕扯、吞噬周围物质的时候，不断释放各种电磁辐射，但由于星际尘埃的影响，像X射线、紫外线、可见光等波长较短的辐射无法到达地球，我们只能通过对波长更长的射电信号（即无线电波）的观测来确定这些巨型黑洞的存在。事实上，人类第一张黑洞"照片"就是这么"拍摄"出来的。

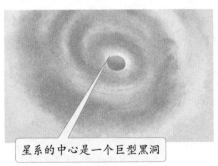

星系的中心是一个巨型黑洞

世界各地多台射电望远镜参与对黑洞射电信号的观测，最后将数据汇总，经过整理和分析，获得黑洞及其附近的相关信息，就可以构造出一个黑洞周围的图像。

☄ 引力波——聆听黑洞的声音

基普·索恩真是一个赌徒!

他经常打赌,和史蒂芬·霍金打赌,和雅科夫·泽尔多维奇打赌,和约翰·普雷斯基尔打赌,每一次打赌都与宇宙中的大问题有关。

他又打赌了。他和别人说,1988 年 5 月 5 日前将会探测到引力波,输了;他痴心不改,又和别人打赌说,2000 年 1 月 1 日前将会探测到引力波,还是输了。他挺失望,没有再和人家打赌。

什么是引力波? 引力波又称"曲率波",它是时空的涟漪。根据爱因斯坦广义相对论,"时空告诉物质如何运动,质量告诉时空如何弯曲"(物理学家约翰·惠勒的精妙总结),当物质质量的分布发生改变时,时空也必然随之发生振动,振动以光速向外传播开来,这便形成了引力波。

引力波

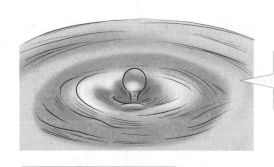

当东西掉入水中,水面将会荡起阵阵涟漪,并从波源向外传播

根据广义相对论,物质造成周围时空的弯曲,质量越大,弯曲程度越大。当物质质量分布发生改变时,就好像一个铁球在橡皮膜上滚动,周围时空必将随之发生振动。

引力是自然界四种相互作用(强力、弱力、电磁力和万有引力)中最弱的那个,与我们更熟悉的电磁波相比,引力波的探测毫无疑问要难得多。举例来讲,地球围绕太阳公转,在这个过程中质量的分布发生了变化,引力波因此产生并向外传播。但它带来的引力辐射是多少呢? 200W,和一些家用电器的功率差不多，比如台式电脑、电饭煲。

不过，索恩始终坚信，引力波是可以被探测到的。他认为，如果宇宙间发生某种重大事件（比如两个黑洞发生碰撞、一个黑洞和一个中子星相撞等），物质质量的分布将在一瞬间发生重大改变，时空的振荡将极为剧烈，这时在地球上安装一台极其精密的探测装置，我们便有机会捕捉到引力波。

最早从事引力波探测的是马里兰大学教授约瑟夫·韦伯，他曾是一名潜艇指挥官，在二战时多次显露英雄本色。韦伯极富有远见与行动力，他曾制作一种长约 2 米、直径 1 米的大型铝棒，表面贴上压电性晶片，这便是最早的引力波探测装置"韦伯棒"了。韦伯的确很棒，他设想，当一组来自宇宙的引力波经过铝棒时，铝棒两端会被交错地拉伸和压缩，灵敏的压电性晶片在振荡的压力的作用下产生电流，将电流通过一个放大电路后输出，便能够得到相应的引力波信号。

遗憾的是，引力波的探测比想象中还要更加复杂，对技术的要求更高，韦伯的探测棒虽给他带来过几次短暂的空欢喜，但最终也没有得到预想中的真正收获。

韦伯棒

早在 1957 年，约瑟夫·韦伯即开始建造世界上第一台寻找和监测引力波的仪器。毫无疑问，他是引力波探测领域的先驱。后来韦伯曾数次宣称探测到引力波，但在随后都被证明无法重复验证。很久后人们才知道，由于量子力学效应，韦伯棒几乎达不到引力波探测要求的精度。

基普·索恩在学生时代便对韦伯和他大胆的引力波探测计划倾慕不已。从1976 年开始，索恩也投入到了引力波的探测当中。他曾向政府提议设立一个大型的引力波探测项目，投入大笔的资金获得大批包括实验物理学家、理论物理学家、天文学家在内诸多领域顶尖人才的支持，其回报也是极为可观的。幸运的是，这项提议被最终通过，这便是后来名扬世界的激光引力波天文台的兴建源起。激光引力波天文台于 1999 年建成，是美国自然科学基金会资助的耗资最大的项目，此后数次升级，灵敏度不断提高。索恩和他的同事们都在期待着，探测到引力波的时日应该不会太远了吧……

终于，激动人心的消息传来了！2015 年 9 月 14 日，激光引力波天文台在人类历史上第一次直接探测到引力波！波源是 13 亿光年之外的一个双黑洞系统，其中一个黑洞重约 36 倍太阳质量，另一个重约 29 倍太阳质量，二者由于轨道逐渐缩小而最终猛烈相撞，合并为一个 62 倍太阳质量的更为巨大的黑洞。其中有 3 倍太阳质量的物质转化为巨量的引力辐射向外传播。在这个过程中，

LIGO 探测引力波

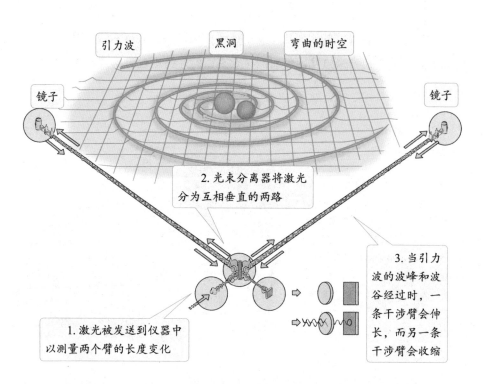

引力波　黑洞　弯曲的时空

镜子　　　　　　　　　　　　　　镜子

2. 光束分离器将激光分为互相垂直的两路

3. 当引力波的波峰和波谷经过时，一条干涉臂会伸长，而另一条干涉臂会收缩

1. 激光被发送到仪器中以测量两个臂的长度变化

LIGO 探测引力波的原理与韦伯棒不同，它的核心是巨型的激光干涉仪：

通常情况下，光不会从双臂的镜子中返回到分束器，而是相互抵消。但是，在有引力波经过的情况下，臂中时空已经发生改变，两个干涉臂中光束传播的距离将不相同，这样将会看到一个不同的干涉图像。

时空经历了极为剧烈的振荡，尽管相距极其遥远，但身在地球的我们仍能感受到它的余波。

400 年前，当伽利略第一次将望远镜指向天空，彻底颠覆了人类对宇宙的固有观念。20 世纪 50 年代以后，天文学的第二次革命开始了，人类不再局限于狭窄的可见光波段，而是扩展到全波段天文学。但终归说来，我们此前认

2017 年诺贝尔物理学奖得主

图中人物依次为（从左至右）

巴里·巴里什：来自美国加州理工学院，LIGO 项目的领导者和协调人。

基普·索恩：理论物理学家，LIGO 项目的发起人。

雷纳·韦斯：实验物理学家，激光干涉仪的最初设计者。

识宇宙的手段并没有脱离电磁波领域，始终都是在"看"，就这一点讲，其实与古人并没有本质区别。

现在不同了。引力波和电磁波是两种不同类型的波，引力波可以使我们用另一种完全不同的方式认识宇宙，好像耳朵里的棉球被扔了出去，人类从此不仅依赖眼睛，还将"听"到宇宙中的各种声音。毫无疑问，这将带来天文学领域另外一场更大的革命。

黑洞，是电磁波的黑洞，不是引力波的黑洞。要找到煤库里的黑猫，"用眼睛看"是非常困难的，我们应该学会"用耳朵听"，循着叫声的方向，可以轻松地把它抓回来。黑洞比白矮星、中子星质量更大，也更为致密，更容易造成时空的振荡。当由此产生的引力波被探测到时，通过分析它的波形，我们便可以获得大量关于波源黑洞的信息，包括它的位置、质量、运动状态等等。从此以后，引力波成为寻找黑洞最有力的手段之一。

2017 年，基普·索恩和同样为引力波探测做出贡献的两位同事雷纳·韦斯、巴里·巴里什一同赢得了诺贝尔物理学奖，全世界都知道了他们的工作的巨大价值。

7. 黑洞真的"黑"吗：

从"黑洞无毛"到"霍金辐射"

过去，人们认为黑洞只有三个性质，除此之外一片漆黑。但霍金说，不，黑洞并不是那么"黑"的。

🪐 "黑洞无毛"定理

"黑洞"可能是最受大众欢迎的一个天文学名词了。当一个新事物诞生时，起一个好名字是很要紧的事。"黑洞"无疑是一个好名字，简单、通俗的字眼，很好地描述了它的特殊性质和神秘趣味。

1967 年年底，约翰·惠勒在一次研讨会上发表演讲，"黑洞"之名第一次出现。人们很喜欢这个新名字，觉得它比之前常用的"暗星"（光都逃不出去的黑暗天体）、"冻星"（时间在黑洞视界被"冻"住了，不再流逝）、"坍缩星"（恒星坍缩的最终产物）更加生动、有趣，因此很快便传开了。惠勒是理论物理学的大师，在取名字方面同样是大师，"黑洞""虫洞""量子泡沫""超空间"等都是他的杰作。这些名字听起来轻松俏皮，但惠勒在命名的时候其实是很花费一些心思的。据说，他常常躺在浴缸里或床上琢磨这些，有时候甚至反复斟酌好几个月。

约翰·惠勒

惠勒（1911—2008），美国最著名的物理学家之一。惠勒早年与波尔共同揭示了核裂变原理，曾为美国的核弹制造做出很大贡献。

惠勒思维开放，极具创造力，在理论物理的很多领域都有卓越贡献。他诲人不倦，弟子众多，著名的诺奖得主理查德·费曼、基普·索恩都出自他的门下。

总的来说，惠勒日常行事作风是儒雅、严谨的，但并不妨碍他时不时地"老不正经"。比如说，挂一串鞭炮参加学术性宴会、用景区的旧大炮打出一颗颗"啤酒罐炮弹"等等。当然了，"黑洞无毛"也应算作一例。

那时，研究黑洞的物理学家们都为这样一个问题着迷：假如恒星的表面有一座高高的山脉，当它坍缩为黑洞时，在黑洞视界上是否还存在这个隆起呢？也就是说，黑洞身上是否仍保留着恒星坍缩前的诸多特性？后来足够多的证据表明：不，黑洞与坍缩前恒星再无瓜葛，就像喝了一碗孟婆汤，从它的身上再也别想探寻出前世恒星的讯息。作为一个黑洞，它的性质只有三个，质量、角动量、电荷，除此之外，一切乌有。

黑洞会丧失形成它的恒星的本来面目，仅具有质量、角动量、电荷三个性质——黑洞原来是如此简简单单、干干净净啊！想到这里，惠勒有主意了，就用"黑洞无毛"来描述这个性质吧！其中，"毛"指的是坍缩前恒星的种种细节。很快，"黑洞无毛"这个新名词就赢得了大家的欢呼。

那时候，研究黑洞的主力是一群爱搞怪的青年物理学家，他们在寄给杂志的论文中直接用上了这个词。起初，编辑还以用词不雅为由退稿，但当后来几乎所有相关论文都不免使用它的时候，他们也只好无奈接受了。到如今，"黑洞无毛"已成为天体物理学中的一个常见词，完全被大众接受了。

黑洞无毛

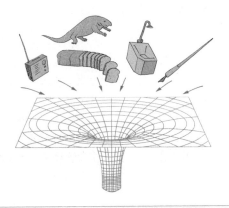

无论之前是什么、怎么样、经历过什么，当它坍缩为黑洞，就像被理发师剃了光头，变得"无毛"了。或者说是"三毛"，即质量、电荷、角动量。

🪐 黑洞不是那么"黑"的

　　1970 年 11 月的一个晚上，史蒂芬·霍金像往常一样艰难地爬到床上，吃力地套上睡衣。他所患的疾病叫"肌萎缩性脊髓侧索硬化症"，肌肉渐渐地失去力量。他动作缓慢，上床睡觉的过程通常要花费不短的时间。与此同时，他的大脑依然在高速地运转，回想着白天思考过的问题。突然之间，灵光一闪，他得到了这样的结论：黑洞的面积只可能增加而绝对不会减少！

　　对于黑洞边界处的光线来说，它们的处境是很危险的，如同站在悬崖边上，背后便是无尽的黑色深渊。为了保证自己不被撞到黑洞里面去，它们彼此商定，谁也不可以凑过来，因为如果不小心相撞的话，大家就要一起掉下去啦！不论黑洞的质量多大、如何旋转、吞掉了哪些天体、发生了怎样的碰撞，它们都无所谓，都能够容忍，只要确定黑洞的面积能够增加就行，因为只有如此方能安然无恙。

　　霍金为这个发现而感到兴奋，几乎一夜没睡。不久，他将这个结果发表，并很快在物理学界引起众多关注，人们称之为"黑洞面积定理"。在普林斯顿大

黑洞面积只能增大

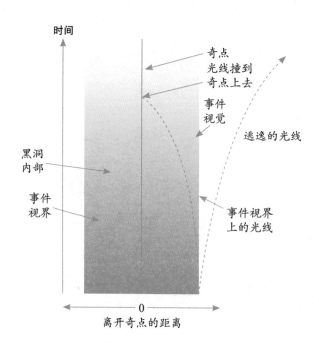

黑洞边界的光线刚好不能从黑洞逃逸，只能在边缘上盘旋，介于落进黑洞与逃离黑洞两个事件之间。因此，光线的路径必须永远相互平行运动或相互散开。

学，约翰·惠勒的一位年轻的研究生雅各布·贝肯斯坦注意到，面积定理的表述有些似曾相识。是什么呢？贝肯斯坦想起了热力学中的"熵"。

熵是描述系统混乱程度的量，熵越大，意味着系统越随机、越无序。举例来讲，当你向一杯黑咖啡中倒入一些牛奶，杯子中的液体起初会黑白分明，但随着时间的增加，二者将逐渐融为一体，整杯咖啡都变成了棕色。这杯咖啡作为一个系统，由黑白分明到混合成为棕色，这就是熵增的过程。热力学第二定律告诉我们，一个孤立系统的熵只会增加而不会减少，就像你永远也不会看到杯子好好地放在那里，其中的牛奶和黑咖啡却渐渐分离，又回到黑白分明的样子。

"熵只会增加而不会减少""黑洞面积只会增加而不会减少"，贝肯斯坦反复思量着这两句话之间的关系，最终，他大胆地猜测："黑洞的表面积就是它的熵！"这是灵感的火花。人们一直以为黑洞与热力学风马牛不相及，而雅各布·贝肯斯坦竟胆敢将二者联系起来！全世界所有的黑洞专家都反对贝肯斯坦，除了他的导师惠勒。惠勒鼓励道："你的思想够疯狂了，这样可能是对的。"

霍金是众多反对者中最激烈的那一个，他认为贝克斯坦错误地理解了自己的面积定理，质问道："如果黑洞具有熵，则等同于说黑洞具有一个温度；果真有温度的话，即使这个温度再低，它也必定会有热辐射。这怎么可能？黑洞是一片漆黑，不可能有热辐射的！"

熵

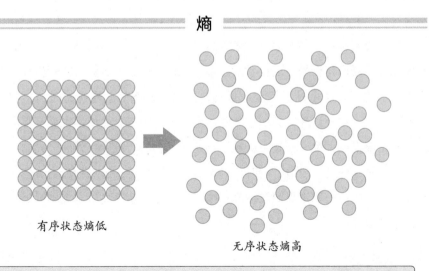

有序状态熵低

无序状态熵高

热力学第二定律（又称"熵增定律"）是物理学乃至自然哲学中公认的最不可动摇的原则之一。

霍金辐射

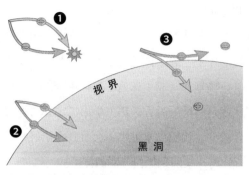

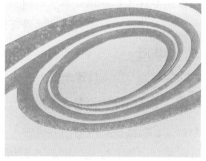

视界

黑洞

霍金辐射是史蒂芬·霍金一生最重要的科学发现，使得引力理论、量子理论和热力学统一在一起，向着物理学家的"圣杯"万有理论迈出了一步。霍金本人也为此感到骄傲，早在60岁生日的时候便决定将代表霍金辐射的公式刻在自己墓碑上。

贝肯斯坦针锋相对，反驳说："假如黑洞没有熵的话，我拿一个大口袋，装满空气，然后将它扔进黑洞。当口袋落进黑洞时，这些气体分子和它们携带的熵便从宇宙中彻底消失了。很明显，这违反了热力学第二定律，宇宙中的熵不但没有增多，反而减少了！"

二人陷入了一个僵局，他们都无法真正地解答对方的诘难。不过，霍金头脑灵活，他后来在思想上突然完成了一个180°的大转弯。经过半年多的计算，霍金确认，黑洞并不是那么黑的，它真的有熵，而且一直都在释放着热辐射！

黑洞是如何产生辐射的呢？根据量子理论，真空并不是绝对的一无所有，它实际上不断地有虚的正反粒子对产生。它们在产生之后随即互相湮灭，之后再产生、湮灭，这个过程持续地重复，像潮水的涨落一样时起时消，被称为"真空涨落"。霍金认为，假如这种涨落发生在黑洞视界的周围，那么将会有下面三种情况发生：第一种是一对粒子都跑得远远的，最后在外面"同归于尽"，湮灭了；第二种是一对粒子同时掉进黑洞里，消失了；第三种最为有趣，一对正反粒子中的一个掉进黑洞被彻底吞噬，另一个成功逃离黑洞飞到远处，最终形成了霍金辐射。

🪐 黑洞之死

霍金辐射的存在，实际上意味着黑洞也无法避免衰亡的宿命。根据爱因斯坦的质能方程，质量即能量的另一种存在形式；黑洞因为不断地辐射造成能量损失，其质量将无可避免地越来越小，直至彻底地"蒸发"掉。

黑洞蒸发的过程实际上是加速进行的。黑洞的温度与质量成反比，黑洞质量越小，温度越高，霍金辐射也越大。就这样，黑洞的质量损失随着辐射的持续而越来越剧烈，最终，当黑洞质量变得极小时，它将发生一次极其惊人的能量释放，大约相当于几百万颗氢弹在一瞬间爆炸，之后黑洞彻底消失于宇宙中。

黑洞掩藏了太多的秘密，从前掉入其中的物质被它一口吞下，再也不能重见天日，音讯全无。因此，我们不禁要产生疑问：当黑洞最终消失之后，那些秘密是否也随它一同消失不见了呢？根据量子理论，宇宙中的信息是守恒的，根本不允许这样凭空丢失。莫非这些信息从霍金辐射中偷偷溜了出来？看起来也不太可能，霍金辐射是一种热辐射，它几乎是无法携带信息的。这个问题被称为"黑洞信息疑难"，至今很多物理学家们仍在为此争论不休。

黑洞蒸发与信息疑难

一个宇航员不小心掉入黑洞中，巨大的潮汐力将把他撕碎，然后被黑洞彻底吞噬。

黑洞也会像地上的一摊水一样最终蒸发，尽管这个过程也许非常慢。

尽管宇航员注定无法生还，但按照量子理论，他的信息不应该彻底消失，只是从原来的形式转变为新的形式。可是，黑洞已经蒸发不见，我们又去哪里寻找宇航员的信息呢？

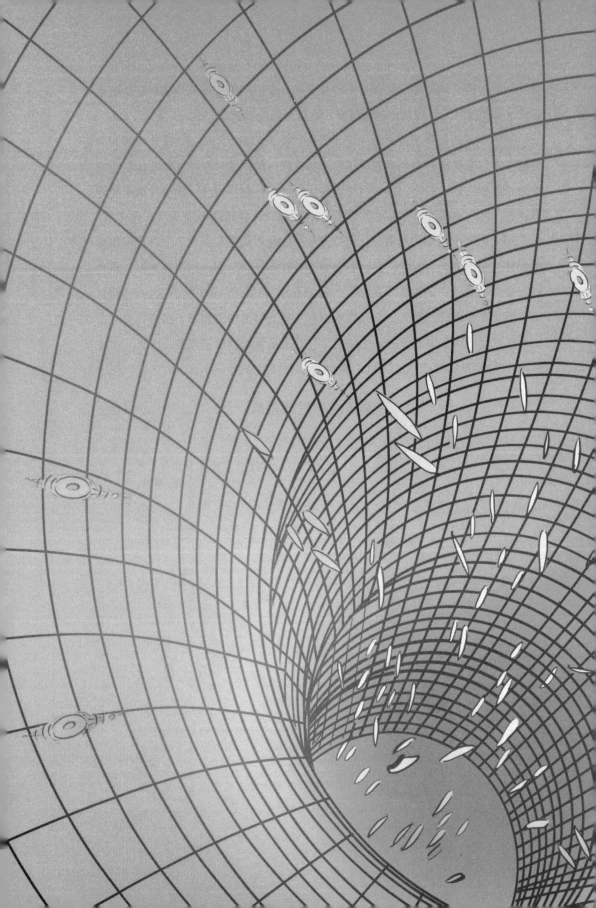

第 五 章

护卫过去

我们每个人都有时间机器，不是吗？带我们回到过去的，是记忆；带我们走向未来的，是梦想。

——赫伯特·乔治·威尔斯

1. 时间机器：

时间旅行仅仅是科幻吗

威尔斯的《时间机器》是最早以时间旅行为主题的科幻作品，具有很大影响。大约 10 年之后，爱因斯坦狭义相对论问世，为从物理学角度严肃探讨时间旅行提供了可能性。

🪐 时间机器

1895 年，英国作家赫伯特·乔治·威尔斯创作了一部科幻小说，名叫《时间机器》。这本书是时间旅行题材的开山之作，讲述了一位科学家的时空冒险经历。通过制造一台自由驰骋于过去和未来的神奇机器，这位科学家成功地穿越时空隧道，来到了公元 802701 年的世界，一切都让他大感惊异。

起初，他看到的是一幅动人的美丽画卷，这里花团锦簇，各种新奇的果实累累欲坠，人类的后代已经摆脱了疾病和苦难，过着悠闲、富足的生活，终日如孩子般欢乐。可是，直到夜幕降临，时间旅行家才意识到，真相远非他见到的那么简单。原来，此时的人类已经进化成两种截然不同的分支，腐败堕落的埃罗伊人和凶狠残暴的莫洛克人彼此残杀……

赫伯特·乔治·威尔斯的科幻生涯

赫伯特·乔治·威尔斯是英国著名科幻作家、新闻记者、社会学家。《时间机器》是威尔斯的处女作，具有明显的批判资本主义倾向，书中表现的埃罗伊人和莫洛克人的对立，事实上即为当时社会日趋严重阶级分化和阶级斗争的一种反映。

图解果壳中的宇宙

☄ 时间旅行并非空想

威尔斯在《时间机器》中提出了一个极具预见性的见解，时间是三维空间之外的第四维度。直到 10 年之后，人们才意识到威尔斯"四维时空"观点的预见性。

1905 年，伯尔尼专利局的三等技术员爱因斯坦提出了狭义相对论，首次将"相对的"空间和时间统一起来。三年后，闵可夫斯基在这条"懒狗"（闵可夫斯基曾是爱因斯坦大学时代的数学老师，他一直瞧不起爱因斯坦，称他是一条"懒狗"）的基础上发现，宇宙其实是一种四维时空结构。1915 年，爱因斯坦总算在朋友格罗斯曼的帮助下突破数学瓶颈，广义相对论最终问世，一种新的时空观被建立起来。

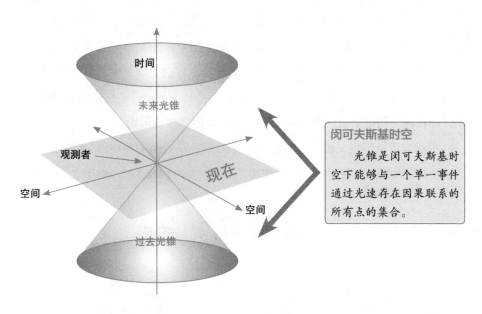

闵可夫斯基时空

光锥是闵可夫斯基时空下能够与一个单一事件通过光速存在因果联系的所有点的集合。

相对论认为，时间与空间不再独立，而是混合成为一种相对的四维时空结构。现在，时间成为一种相对的概念，并没有唯一的标准，有时它会减缓，有时它能加速。时间的流向不会一成不变，在引力的影响下，运动物质的拖曳可以使之改变——"未来"有可能因此变成另一番样貌。

这么说，理论上是有可能完成时间旅行的了？当然，但前提是你要想办法设计出一台合适的时间机器。

2. 飞向未来：
沿着时间箭头前进

想沿着时间箭头穿越到未来？没问题！事实上，已经有人赶在我们前面到达未来了。

● 更快的速度

时空旅行家早已出现。

2015 年 9 月，时空旅行家根纳季·帕达尔卡回到了地球。根纳季·帕达尔卡出生于俄罗斯，曾在空军部队中服役，后来如愿以偿地成为一名宇航员。从 1998 年到 2015 年，帕达尔卡共完成 6 次太空任务，在太空中总共度过了 879 天，创下人类在太空停留时间的最长世界纪录。在这 879 天中，根纳季·帕达尔卡不论是做研究还是种太空土豆，是绑在跑步机上运动还是钻进睡袋里睡觉，始终都在随空间站以每小时 27 000 千米的速度围绕地球运动。

根据爱因斯坦狭义相对论中的"钟慢效应"，高速运动的物体周围时间流逝的速度将会变慢。经过计算，当根纳季·帕达尔卡回到地球时，地球上的时钟比

图解果壳中的宇宙

时间旅行者根纳季·帕达尔卡

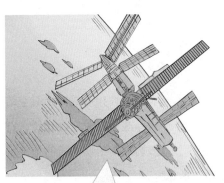

当帕达尔卡随空间站高速运动时，他的时间将流逝得更慢。

当他归来时，相当于穿越到了地球的未来。

他身上的时钟多走了 1/44 秒——或者说，他已经穿越到了 1/44 秒后的未来！

　　爱因斯坦已经指明了道路，若要穿越到未来，你需要的时间机器可能不像科幻电影中常见的那样，一种耗电量很高、时不时冒出电光的大型机器，而是一架具有惊人速度的飞行器。帕达尔卡的空间站显然速度慢了些，他的穿越旅程因此显得微不足道。假如他乘坐的太空飞船的速度为光速的 99.995%，那么，他只需用 10 年的时间，便足以到 500 光年外的某颗行星间走一个来回，那时地球上已经是 1 000 年之后了！

亚光速穿越的三个困难

第一个困难：目前人类已掌握的技术远远不能制造出亚光速级飞船。即使是核聚变反应"氢弹飞船"和反物质湮灭供能的"反物质飞船"等未来科技，都远远达不到亚光速航行的水平。

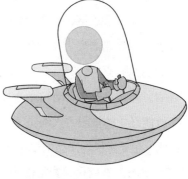

第二个困难：人类无法抵抗飞船产生的加速度。

　　人类是脆弱的，一旦超过 8 倍重力加速度，飞船中的宇航员将面临生命危险。

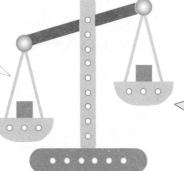

高速飞行，质量增加。

第三个困难：相对论造成质量增大。

　　当飞船进行亚光速飞行时，它的质量会迅速增加，维持飞行将变得异常困难。

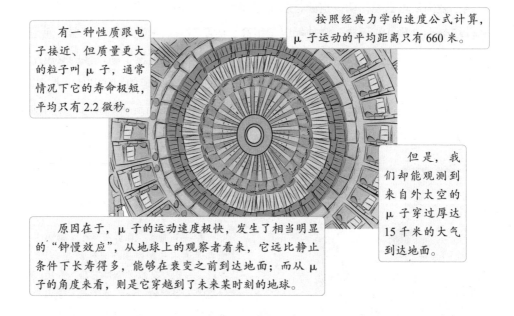

有一种性质跟电子接近、但质量更大的粒子叫 μ 子，通常情况下它的寿命极短，平均只有 2.2 微秒。

按照经典力学的速度公式计算，μ 子运动的平均距离只有 660 米。

但是，我们却能观测到来自外太空的 μ 子穿过厚达 15 千米的大气到达地面。

原因在于，μ 子的运动速度极快，发生了相当明显的"钟慢效应"，从地球上的观察者看来，它远比静止条件下长寿得多，能够在衰变之前到达地面；而从 μ 子的角度来看，则是它穿越到了未来某时刻的地球。

到目前为止，人类制造的最快航天器是帕克太阳探测器，能够达到光速的 0.00067%。即使人类尽最大的努力，在财政和工业设备等方面给予最大的支持，在当前技术水平下，太空飞船能够提高的速度也十分有限。以接近光速的速度推进宇宙飞船需要大量的能量，这种能量是我们目前使用的任何燃料都无法提供的。

还有，高速飞船在启动和降落时产生的加速度也是必须面对的问题，如果超过人类所能忍受的极限（大约是 8 倍重力加速度），将会对宇航员的生命造成威胁。因此，想要像科幻作品中那样穿越未来，对人类来说仍是可望而不可即的。

与笨重的人类相比，要给微小的粒子制造一台时间机器可就容易多了。位于瑞士日内瓦近郊的大型强子对撞机（Large Hadron Collider，LHC）是世界上最大、最快的粒子加速器，粒子将在这里完成时空穿越之旅。电磁作用可以将粒子逐级加速，使之逐渐接近光速水平。

☄ 更弯曲的时空

相传晋代有一个人叫王质，有一次他上山打柴，恰巧碰见两个孩童在山上下棋。王质很感兴趣，就站在一旁观看。其中一个棋童手里拿着枣子，喂进王质嘴里一颗。王质漫不经心地吃了，并没有觉得什么异样，仍痴迷地看着棋局。过了一阵儿，棋童开口道："你还不回家吗？"王质这才想起，急忙起身，却发现之前用来砍柴的斧子木柄已经全部朽烂。当他回到家时，世事已经完全变成另一番样子，所有认识的人都已经故去很久……

"观棋烂柯"的故事，在中国流传很广，最早出自南朝文学家任昉的志怪小说《述异记》。我们认为，假如王质砍柴的地方不是山上，而是中子星或黑洞附近某个地方的话，那么这个故事还是有一丝可信度的。

爱因斯坦广义相对论预言，在大质量天体的附近，时空将会发生巨大的弯曲，弯曲程度越高，时间流逝得越缓慢。中子星和黑洞都属于大质量天体，且极其致密，如果有一个钢筋铁骨的宇航员没有被巨大的潮汐力撕碎，成功在这类天体附近生存一段时间，那么当他返回地球时，的的确确会产生与"烂柯人"相似的感受。

潮汐力

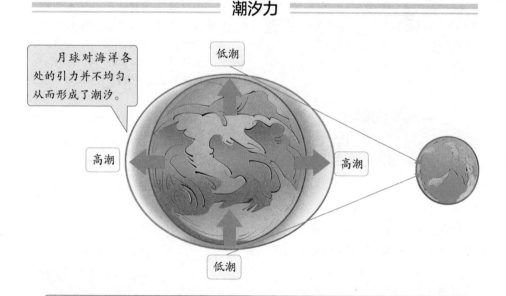

月球对海洋各处的引力并不均匀，从而形成了潮汐。

低潮

高潮

高潮

低潮

凡是由引力的不均匀产生的效应都可称为潮汐力。在爱因斯坦广义相对论中，时空曲率就代表着引力的不均匀，因此，时空曲率越大的地方（如黑洞、中子星、虫洞），潮汐力也就越大。由于潮汐力同时具有拉伸和压缩的作用，宇宙中那些时空极度弯曲的地方将会是危险的禁区。

正因为如此，史蒂芬·霍金曾建议，将位于银河中心的超大质量黑洞作为一个现成的时间机器。这个巨型黑洞的质量大约是太阳的 400 万倍，在它附近运行一圈大约需要 8 分钟，而我们的地球此时已经过去了 16 分钟，时间的流速相差整整 1 倍。假如我们能够与它保持一个若即若离的距离，避免被其巨大的引力吞噬，那么这台时间机器确实比其他的办法更具实用性，至少比那些追赶光速的飞船便宜得多。

爱因斯坦相对论在 GPS 中的应用

别以为相对论离我们很遥远，事实上它在全球定位系统（GPS）中一直扮演着很关键的角色，因为那里是时间旅行的高发区。

在设置 GPS 卫星上的时钟时，必须要同时考虑到广义相对论和狭义相对论的影响，及时校正，否则会产生很大的误差。

图解果壳中的宇宙

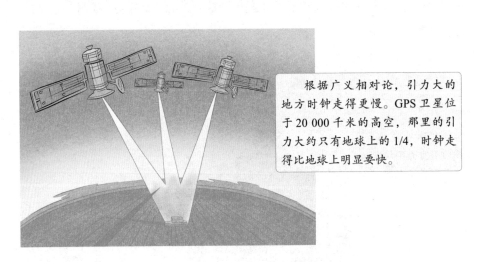

根据广义相对论，引力大的地方时钟走得更慢。GPS 卫星位于 20 000 千米的高空，那里的引力大约只有地球上的 1/4，时钟走得比地球上明显要快。

根据狭义相对论，卫星处于高速运动当中，将发生明显的时间膨胀，因此会比地球上的时钟走得慢一些。准确地讲，每年大约变慢 0.003 秒。

🪐 人体冬眠

接下来我们要讨论一种更"讨巧"的穿越方案，你什么都不用做，只静静地躺在那里，便可以轻松进入未来。这种手段与相对论无关，不牵涉速度和引力的问题——它是一种生物学手段，叫作"人体冬眠"。

长久地沉睡可以带我们进入未来。人类很早就幻想过，如果能像某些动物那样冬眠，便相当于为生命按下了"暂停键"：让周遭的一切随时间涨落、起伏、渐渐衰朽，而我独自年轻，一人立于冰冻的时间长河之上。因此，从这种角度来说，人体冬眠技术实际上也是一种时间机器。只需要设定一个类似闹钟的唤醒机制，我们便可以到达未来的任一时间节点。

与进入未来的其他方案相比，这可能是一种更具可操作性的手段，因此很多科幻作品都乐于表现这种主题。例如，前些年上映的科幻爱情片《太空旅客》，讲述人类乘坐"阿瓦隆号"飞船去往另一个遥远星球长达 120 年的漫长航程。为此，飞船上的旅客会服下一种特殊的"安眠药丸"，躺进冬眠冷冻舱中，静待航程结束后被唤醒。再如国内科幻作家刘慈欣的《三体》，包括面壁者罗辑在内的许多人，为了帮助未来人类对抗三体入侵，也是用人体冬眠技术穿越到400 年后的。

动物中的时间旅行者

图中这个长相很萌的家伙是水熊虫，是地球上适应能力最强的动物之一。它能够适应高温、低温、强辐射等环境，甚至在真空中也能存活很长时间。把它脱水冷藏，10 年之后可以再次苏醒。

3. 闭合的时间圆环：

建造回到过去的时间机器

在爱因斯坦的 70 岁生日那天，他收到一份奇怪的礼物。送礼的人表示，这是建造时间机器的一份草图。

☄ 爱因斯坦的暮年知己

爱因斯坦的晚年是在普林斯顿高等研究院度过的。他很开心，因为有一个忘年交也在这里，名叫库尔特·哥德尔，比他小 27 岁。爱因斯坦和哥德尔出身背景相当接近，他们都是犹太人，同样由于担心纳粹的迫害而从德国逃到美国。或许因为两人同是天才，彼此是世界上少有能够理解自己内心的人，他们之间的友情极其笃厚。二人无话不谈，从哲学到物理，从数学到政治，他们在每个

图解果壳中的宇宙

天生奇才哥德尔

库尔特·哥德尔被认为是历史上最伟大的逻辑学家之一，堪与古希腊的亚里士多德比肩。他一生最彪炳的成果是 25 岁那年提出的"哥德尔不完备性定理"，即在任何公理化形式系统，譬如现代数学中，总有在定义该系统的公理的基础上既不能证明也不能证伪的问题。

哥德尔有许多怪癖，如喝婴儿奶粉、吃泻药等。由于只肯吃妻子做的饭菜，所以当妻子病倒后，哥德尔活活把自己饿死了，那时他的体重只有 65 磅。

话题上都能够找到契合点。爱因斯坦和哥德尔每天一起上班、一起下班，一边散步、一边聊天，每天黏在一起的时间接近工作日的三分之一。爱因斯坦觉得这样的日子蛮不错，他说："我的工作不再重要，去研究院上班不过是为了获得和哥德尔一起步行回家的荣幸。"

哥德尔的旋转宇宙

从 1947 年开始，怪异的哥德尔变得更怪了。有人甚至目睹他不停地拿着粉笔在黑板上反向写字，就像一卷电影胶片倒放时那样。别人问他是怎么回事，他说，他是在演示时间倒流。

原来，在老友爱因斯坦的多次劝说下，哥德尔已经将注意力转到了物理学领域。没用多久，这位天才就得到一个惊人的发现。哥德尔决定，他要在爱因斯坦 70 岁生日那天，为他送上一份特别的贺礼……

原来，哥德尔在广义相对论方程中发现了一个非常奇特的解，它描述了一个整体旋转的宇宙，物质的旋转对时间方向会产生拖曳作用，离旋转中心越远，拖曳作用就越显著。在足够远的地方，拖曳作用竟然足以形成闭合类时曲线！

哥德尔的旋转宇宙

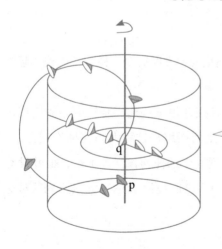

假设你的星球以前在 p 点，现在在 q 点。要想再次回到 p 点的话，你就要朝着临界圆外部的一个点加速运动，然后向过去运动到 p 点之前的某个地方，进入那时的临界圆，然后再向未来运动到 p 点。你总是在走向"你的"未来，但却回到了你的过去。

"类时线"是描述物体在四维时空中运动的一种曲线，而"闭合类时线"则表示类时线形成一种封闭的圆环，它意味着物体能够回到和此前完全相同的时空坐标。这就好像某个人绕着操场跑步，跑了一圈之后他发现自己又回到了

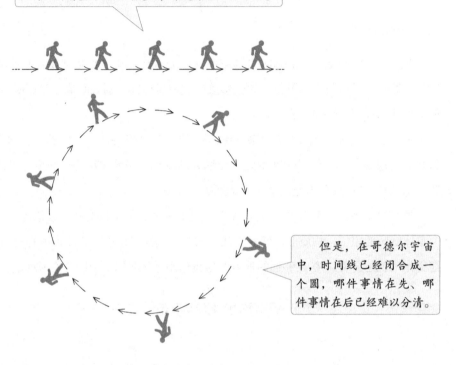

图解果壳中的宇宙

出发点——惊人的是，他发现当前的时间也与出发时完全一样，又回到了起始的位置！

按照哥德尔的描述进行推论，只要让飞船沿某些远离旋转中心的轨道运动，我们便有机会回到过去的某一刻。爱因斯坦被这种大胆的推论震惊了，但仔细审视其运算过程，他又实在找不到其中的任何谬误。不过，他并没有轻易接受哥德尔的旋转宇宙模型，就如他自己所说："我的直觉强烈地反对这种事情。"

果然，爱因斯坦的直觉又胜利了。

理论中的哥德尔宇宙与现实中的天文观测，两者根本不能符合。首先，哥德尔宇宙是整体进行旋转的，但实际上我们生活的宇宙并不存在这种整体旋转。其次，哥德尔宇宙中的宇宙学常数为负，即宇宙处于收缩状态，很明显也是错误的，我们观测到的宇宙处于加速膨胀当中，宇宙学常数是正的。

为此，哥德尔本人也曾遍寻星图，希望能够找到某些证据支撑自己的理论，但终究无能为力。据说，直到哥德尔去世之前，他还在不停地问："他们发现了吗？宇宙旋转了没有？"答案总是让他失望："不，没有。"

🪐 旋转柱和宇宙弦

哥德尔理论虽然没有现实意义，但它的发现表明广义相对论的确允许闭合类时曲线的存在。自那以后，物理学家们在广义相对论中又陆续发现了其他一些允许闭合类时曲线的解，其中最著名的便是梯普勒提出的"旋转柱"和理查德·戈特的"宇宙弦"。

这里说的"宇宙弦"和弦理论中的概念有所不同，它是一种宇宙早期阶段形成的极长、极细、极重的东西，有时也会围成环形，就像戈特所说："它就像意大利面条那样，或者是围成圆形的意大利面条。"神奇的是，这根"面条"是一根"很有弹性的面条"，它能够随着宇宙的膨胀而伸长，横贯整个宇宙。

尽管宇宙弦尚未获得明确的实验证据，但当代的粒子理论确实暗示了它的存在。戈特对自己的时间机器极具信心，他甚至认为只要获得足够的资金和人力支持，时间机器的建造在不远的将来就能完成。

回到过去的时间机器

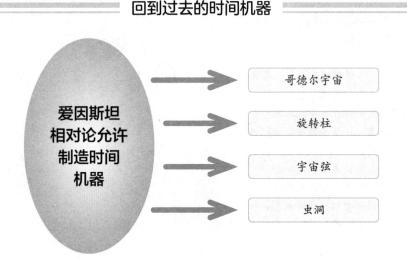

4. 虫洞:

最便捷的时空隧道

　　无论是现在的科幻作家，还是未来的时间旅行者，对他们而言，虫洞都是最受欢迎的时间机器。从理论上讲，它允许你在极短的时间内穿越到任意一个时间、空间的节点。

🪐 穿越时空的隧道

　　1985 年，著名的天文学家卡尔·萨根完成了科幻名作《接触》。本书的主角名叫艾莉·爱洛薇，是一位充满探索欲望的女天文学家。在一个偶然的情况下，她接收到了一组以质数方式发送的奇怪信号。当这些来自太空的信息碎片被破译后，艾莉惊讶地发现，原来这是一部指南，来自外星的高等文明在向她传授如何实现时空穿越！

　　按照萨根后续的情节安排，他希望女主角能够在较短的时间内到达 26 光年外的织女星，与那里的外星智慧生物实现接触。但光速壁垒无法打破，艾莉的飞船无论如何不可能到达 26 光年之外的目的地。为此，萨根别出心裁，他让

作为科学家和科普大师的卡尔·萨根

　　卡尔·萨根可能是近几十年来最为大众熟知的天文学家了，他才华横溢，曾创作过多部天文学科普书籍、纪录片，屡屡轰动。他积极推动"地外文明搜索计划"，主张人类尽快与外星生物取得接触。

　　尽管萨根本人的科研事业同样卓越，但被科普领域的耀眼光芒所掩盖，他甚至输掉了美国科学院的院士评选。

艾莉落入了地球附近的一个黑洞，然后从黑洞中心的时空隧道迅速穿越到宇宙的另外一个角落……

卡尔·萨根心知，这样的设计可能不太妥当，自己的专业是行星天文学和天体生物学，对于广义相对论还不够熟悉。为此，他给远在加州的老友基普·索恩打了一个电话，恳求对方看看是否存在这方面的差错。索恩很爽快地答应了。

那时正值暑假，索恩一家要开车出去旅行。一路上，索恩都抱着这超厚的一摞打印稿仔细审读。果然，索恩对书中的穿越机制持有异议：黑洞是一个死亡深渊，即使女主角艾莉在接近它的时候没有被潮汐力撕碎，她也不可能成功地从黑洞内部穿越而出，那里的电磁真空涨落和少量的辐射会在引力的作用下加速到具有巨大的能量，然后如狂风骤雨般砸碎驶入其中的飞船和宇航员！

索恩明确地告诉好友萨根，根本不要指望黑洞成为时空隧道。"不过，"索恩又补上了一句，"你可以把它替换成一个虫洞。"

🪐 虫洞

虫洞，就是虫子咬出的洞。

一只蚂蚁在苹果的表面爬行，从一侧到另一侧，它要沿着苹果表面爬行长长的一圈。可是，假如蚂蚁在这颗苹果的内部蛀蚀出一条通道，便可以直接地穿越到另一侧的目的地。

虫洞

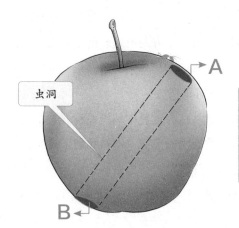

从 A 点到 B 点，蚂蚁有两种途径：

1. 沿着苹果的表面爬行，这样的话，距离将非常遥远。

2. 将苹果内部直接打通，蚂蚁沿着虫洞走，将大大节省时间和路程。

虫洞的另一个比喻

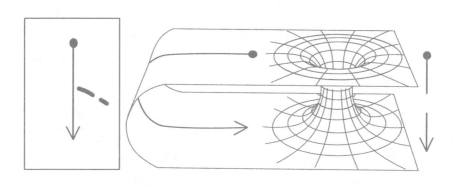

在一些科幻作品中，常常用铅笔将折纸扎出的破洞比喻虫洞：一张纸表示我们的宇宙空间，然后在纸上 A、B 两点之间画一条直线，代表平坦时空中两点之间的常规最短路径。接着，将纸对折，A、B 两点重合，用笔一下扎透，穿出的洞便是虫洞。从虫洞出发，A、B 两点的路程将变得极短。

图解果壳中的宇宙

　　同样的道理，人类也可以像蚂蚁穿越虫洞那样，借助某条便捷的时空隧道，在极短的时间内穿越到另外一个时空。在小说《接触》中，索恩便设计了这样一个虫洞，女主角艾莉从地球附近的洞口进入，只需走一小会儿，便能从织女星附近的另一个洞口出来！

　　虫洞是超空间中的隧道。对于一只蚂蚁来说，它生活在一个二维宇宙，犹如在一幅卷曲的画中，它能够沿着曲面向任意一个方向行进，前后左右、东西南北都可以，唯独不能脱离这个曲面而向上或向下。苹果的内部是三维的，对于蚂蚁这种二维生物而言，就属于高维超空间。

　　人类生活在三维宇宙中，就像蚂蚁无法从曲面世界中抽离而看到一个立体的苹果，我们人类同样无法看到四维乃至更高维的宇宙，那对我们来说就是超空间。假如我们能够在这种超空间中成功"开凿"出一个虫洞，那么，从理论上讲，它将成为一种最便捷的时间机器，我们可以在时空中任意穿行，时间、距离都不再是问题。

🪐 有没有符合要求的虫洞

实际上，虫洞并非纯粹的科学幻想。早在 1916 年爱因斯坦广义相对论建立短短数个月后，奥地利科学家路德维希·福拉姆即从数学上证明了它的存在。这是广义相对论方程的一个特殊解，描述了唯一一个严格球对称并且不含任何引力的喉状区域，被称为"福拉姆虫洞"或"爱因斯坦 - 罗森桥"。

爱因斯坦 - 罗森桥

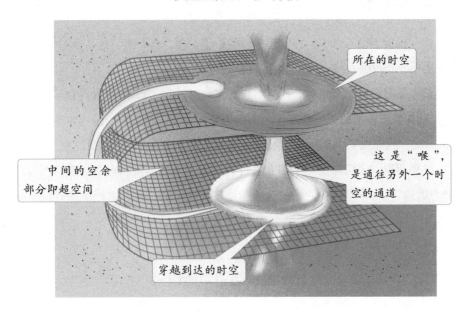

所在的时空

这是"喉"，是通往另外一个时空的通道

中间的空余部分即超空间

穿越到达的时空

1962 年，惠勒和他的学生罗伯特·富勒将研究重点转向爱因斯坦 - 罗森桥，顺带赐给它这样一个好听的名字——虫洞。他们发现，虫洞并不是一成不变的，相反，它像一只动物一样经历着产生、发育、膨胀、衰老、收缩、死亡的过程。

经过计算得知，虫洞的生命历程极其短暂，没有什么东西能在这样短的时间内完成穿越，连宇宙中跑得最快的光也不行！如果哪个穿越者胆敢冒险尝试，必将中途随着虫洞的断裂而彻底毁灭。

究竟有没有办法建造一个稳定、安全的可穿越虫洞呢？基普·索恩告诉人们，办法还是有的，我们需要的是一种"负能量"物质。我们将在下一节内容中详加讨论。

5. 负能量物质:
建造可穿越虫洞的材料

我们已经有了方案,但我们缺少材料。"巧妇难为无米之炊",这是一句俗话,但同样可以用在时间机器的建造上。

🪐 引力透镜

将一根筷子插入水中,它看起来就像折了一样,你知道,这是折射的缘故,当光从一种介质进入另一种介质时,它的传播方向会发生改变。

根据爱因斯坦广义相对论,"物质告诉时空如何弯曲,时空告诉物质如何运动。"就如橡皮膜上的一个铁球,大质量天体的存在,将使它周围的时空发生明显的弯曲。当光线从大质量天体附近经过时,它的传播方向将因而改变。

换句话说,宇宙中实际上遍布着许许多多天然的透镜,也就是我们所说的"引力透镜",尽管这与生活中的透镜的原理完全不同,但二者产生的效应是一致的。

光学透镜与引力透镜

> 凸透镜能够会聚光线,原理是光的折射。

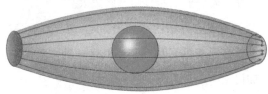

> 引力透镜同样能够会聚光线,原理是爱因斯坦广义相对论。

实际上，早在1912年广义相对论还没有最终成型时，爱因斯坦就已经认识到，恒星可以作为一种透镜，将它背后更远地方的恒星（或其他光源）发出的光芒进行放大。经过计算，爱因斯坦认为天体的引力透镜效应实在过于微弱，注定无法被实际观测到。他说，这是一种"没有什么价值的、最奇怪的效应"。当时若不是一位捷克友人频繁催促，爱因斯坦甚至不愿意发表引力透镜的相关论文！

爱因斯坦是物理学家，而不是天文学家。他当时并不知道，宇宙中有中子星，有黑洞，有无数个像银河那样的星系，甚至还有许许多多由多个星系组成的星系团，而这些，都足以使光线发生更为明显的偏转，引力透镜效应不可忽视。

当星系或星系团成为透镜天体时，常常能够看到一些特殊的景观，非常有趣。比如说，如果光源、透镜星系或星系团、观测者三者连成一条直线，便能够形成对称分布的四重像甚至圆环，分别被称为"爱因斯坦十字架"和"爱因斯坦环"。

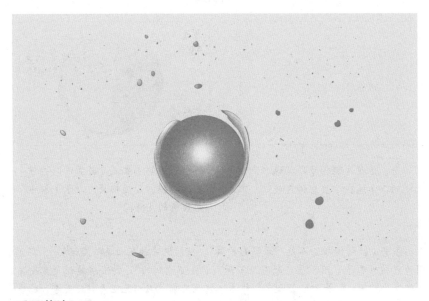

爱因斯坦环

　　一个蓝色的星系发出的光在经过一个明亮红星系时，被后者的引力透镜效应扭曲成一个几乎完整的环，这被称为"爱因斯坦环"，是引力透镜效应的一种特殊情况。这个星系于2007年被斯隆数字巡天望远镜发现，哈勃太空望远镜在后续的观测中发现了这个不完整的环。

1979 年，天文学家用美国基特峰天文台 2.1 米望远镜首次观测到一个类星体因引力透镜效应而形成的双重像，这是第一个被发现的引力透镜现象。第一个完整的爱因斯坦环于 1998 年被哈勃太空望远镜观测到，它被命名为"B1938+666"。在一些引力透镜的观测图像中，不完整的弧形和多重像散布在透镜星系或星系团周围，蔚为壮观。

随着技术的飞速进步，大型望远镜、空间望远镜和计算机数据采集和分析技术的应用，引力透镜效应逐渐成为一种探索宇宙的有效工具。利用引力透镜效应，天文学家和宇宙学家可以更精确地确定星系团与星系内的普通物质与暗物质的分布情况，进而确定宇宙学的一些重要参数。此外，恒星甚至围绕恒星运转的行星形成的微引力透镜效应也有重要应用。天文学家用它们寻找一些太阳系外的行星、黑洞、褐矮星等等。由于引力透镜在暗物质研究中的巨大作用，它因此也得了一个雅号："爱因斯坦望远镜"。

图解果壳中的宇宙

暗物质

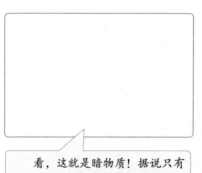

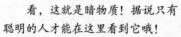

看，这就是暗物质！据说只有聪明的人才能在这里看到它哦！

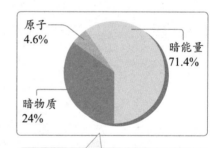

宇宙的主要成分其实是暗能量和暗物质，普通物质（原子）仅占总比例的 4.6%。

事实上，暗物质并不是"黑暗的物质"。我们说某种东西是"黑暗的"，那是因为光被吸收了。暗物质与此完全不同，它是"透明的"，更准确地说是完全不与光发生作用——光被它无视了，根本不发生反射，因而无法看到。至今，暗物质的成分依然是个谜团，这是当今物理学家们极为关注的科学前沿。

🪐 负能量与奇异物质

物质的存在使得光线向内发生弯曲，宇宙中的引力透镜，实际上都属于具

凹透镜和虫洞

> 凹透镜能够使光线发散，原理是光的折射。

> 虫洞能够使光线发散，类似于一种相反的引力透镜。

有会聚作用的凸透镜。

再来考察虫洞：它形状特殊，洞口非常开阔，而中间的通道则像个喉咙一样狭窄。当一束光通过虫洞时，它的行进方向将发生改变并向外发散，如同经过一个凹透镜一样。对比引力透镜，不难发现，二者产生的效应是恰好相反的。

这样一来，很容易使人想到：假如宇宙中存在某种"奇异物质"，它的性质与普通物质完全相反，光线在经过它的时候，不是向内弯曲，而是向外弯曲，是不是就能建造一个虫洞？

基普·索恩和他的学生莫里斯正是沿着这样一种思路考虑的。使光线向内弯曲的，是质量。所以，要想使光线向外弯曲，我们需要的是负质量！索恩和莫里斯大胆地推断：奇异物质的能量（即质量，根据爱因斯坦质能方程，二者是等价的）应当是个负值！

奇怪！一种物质，我们可以说它有，有多少；也可以说没有，为零。譬如这里有一个人，我们可以说他质量为 60 千克；他离开了，这里没有这个人，质量便是 0——但绝对不会出现一个负数。在经典物理的框架内，这种类比是恰当的，没有问题。不过，到了诡秘莫测的量子领域，那就是另外一回事了。

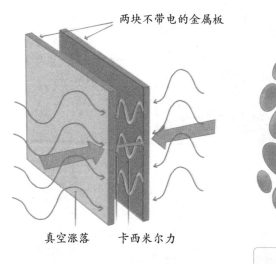

两块不带电的金属板

真空涨落　　卡西米尔力

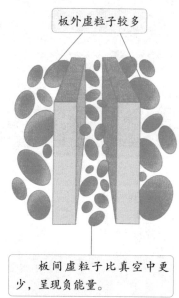

板外虚粒子较多

板间虚粒子比真空中更少，呈现负能量。

量子定律允许透支。在现实中，假如你具有一定量的资产，你是有机会向银行借贷的。这样一来，你身上的钱将变多，而在银行那里则有一笔欠款。同样的道理，量子理论允许在一些地方的能量密度为负，只要它可以被其他地方的正能量补偿，保持总能量为正即可。

1948 年，荷兰物理学家亨德里克·卡西米尔在真空中放置了两块平行的金属板，这两块板并不带电，却出人意料地彼此靠近了一些，这被称为"卡西米尔效应"。卡西米尔解释说，是负能量造成了这种现象。

在实验中，板间虚粒子的数目，远远不及金属板外那片自由天地，从而产生了一种对金属板向内的压力，并最终导致两块平行金属板互相靠近。由于两块金属板之间的虚粒子数目比真空中还要少，能量相应地更低，因此，这里呈现的便是负能量状态。

🪐 虫洞，依然遥不可及

卡西米尔效应证明，建造虫洞的材料"奇异物质"（即负能量物质）是存在的。别高兴得太早。和黑洞类似，虫洞附近也是一处极其危险的地方，那里的时空曲率变化非常大，引力分布极不均匀，时空旅行家贸然穿越，必将被撕成碎片。

为避免这样的悲剧，我们建造的可穿越虫洞必须非常宽阔才行。宽阔到什么程度呢？根据计算，仅仅保证一颗原子顺利通过而不被撕碎，虫洞的半径就至少要 1 光年，所需负能量物质的总量则超过银河系发光物质的一百倍之多！至于保证一位时空旅行家顺利穿越，那更是根本无法想象！

如果我们打算建造虫洞的话，那么毫无疑问，这会是人类有史以来最为浩大的工程。然而矛盾的是，建造虫洞的材料却远远满足不了需求。在卡西米尔实验中，当两块金属板相距 1 米时，每立方米内负能量物质仅有 10^{-44} 千克——这个密度大致相当于 10 亿亿立方米的广阔空间中飘着一个基本粒子，实在过于稀缺。就人类当前的科技发展水平而言，根本不可能找到足够数量的奇异物质。

即使是基普·索恩也同样认为，人类在近几个世纪内不可能有能力建造一个可穿越虫洞，如他所说："可穿行虫洞的唯一希望只能寄托在某个超级发达的外星文明上。"因此，在他参与创作的电影《星际穿越》（故事大纲由他和他的前女友共同设计创作）中，他展开了这样一种畅想：某种高维智慧生物（或许就是未来的人类）建造了一个虫洞，对他们来说，时间已经是可自由跨越的维度，"过去只是一个他们能够跋涉进入的峡谷，而未来是他们可以攀登上的山峰"。

虫洞，依然遥不可及

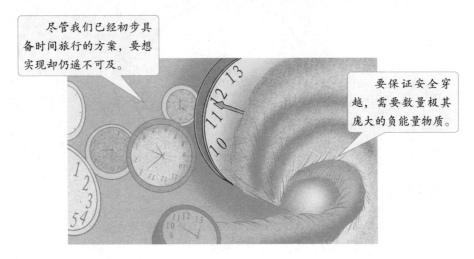

尽管我们已经初步具备时间旅行的方案，要想实现却仍遥不可及。

要保证安全穿越，需要数量极其庞大的负能量物质。

6. 时序保护：
我们很难回到过去

乘坐时间机器，返回至过往的某个时间节点，给自己一次重来的机会，这该多好！或者，哪怕只是回去买一张彩票也行啊！不过，事情好像并不是那么简单……

🪐 今日出发，昨日到达

There was a young lady named Bright

Whose speed was far faster than light;

She set out one day

In a relative way

And returned on the previous night.

1923 年，当爱因斯坦相对论刚刚成为公众熟悉的字眼时，英国的幽默杂志《拳打》刊登了一首有趣的短诗，名字叫《相对论》。它的大意是：有一个女孩名叫布莱，她跑得比光还快；有一天她出发，走的是相对论路径，却在前一天的晚上到达！

光速壁垒

事实上，即使布莱小姐再快，她也无法超过光速而使时间逆流。相对论禁止宇宙中信息传递的速度超过光速。

后来人们考证，这首打油诗的作者名为 A.H.Reginald Buller，是一所大学的教授。显然，他不是物理学教授，因为布莱小姐尽管是个"神行太保"，但应该没有能力打破光速壁垒。而且，"今日出发，昨日到达"，真的可能吗？与穿越到未来相比，除了我们前面讨论的技术上的困难之外，在其他方面也存在许许多多难以逾越的障碍。

◑ 为时间旅行者举办派对

2009 年，史蒂芬·霍金举办了一次鸡尾酒会。

失败的派对，太糟糕了。霍金非常热情地发出邀请，满怀期待地做好准备。结果呢，三个托盘的点心完整无缺，装满克鲁格香槟的酒瓶原封未动，自始至终却只有霍金一个人孤零零地坐在轮椅上，一个人都没有来！墙壁顶上巨大的横幅也因此显得更加具有讽刺意味："欢迎光临，时间旅行者"。

这次鸡尾酒会的请柬，实际上是在酒会结束后发出去的。不必讶异，这不是问题。既然被邀请者是来自未来的时空旅行者，他们完全能够知悉霍金的邀请。不过，最终的结果还是没有一位嘉宾到场。霍金很失望，他说："真可惜，我本来还盼着一位来自未来的'宇宙小姐'走进我家的大门呢！"

霍金的请柬

右图便是霍金的请柬："诚挚地邀请您参加时间旅行者见面会，史蒂芬·霍金教授主办，时间为 2009 年 6 月 28 日 12 点。"

按照霍金的遗愿，这张请柬的副本将保存 1 000 年。看到本书的读者，如果您是一位时间旅行者的话，请尽快回到过去，参加霍金教授的派对，不要让他失望。

为什么要举办这样一场特殊的派对呢？这实际上是霍金的一次实验：如果真有能回到过去的时间旅行者，我们总该能见到一两个吧？然而一个也没有。

显然，这个实验证明了史蒂芬·霍金一直以来的观点。在他看来，人类是根本没有可能穿越到从前的。霍金说："似乎存在一个时序保护机制，来防止封闭类时曲线的生成，从而让历史学家们得到安全的宇宙。"即，物理学定律从根本上禁止回到过去的时间旅行，这便是霍金的"时序保护猜想"。

对此，一些熟读科幻小说的人可能会感到似曾相识。在许多科幻作品中，常常会设置"时间警察"这样一类特殊角色，他们的任务便是抓捕擅自穿越的"时空偷渡者"，将这些人拦截在原来的时空之内。

霍金的时序保护机制与此有异曲同工之妙。在相对论和量子力学的框架内，经过论证和计算，霍金得到结论：当我们想做时间机器时，不论用什么样的事物（如虫洞、旋转柱、宇宙弦或其他什么东西），在它成为时间机器前，总会有一束真空涨落穿过它，并破坏它。

这样说来，我们便能够理解，为什么没有时间旅行者来参加霍金的鸡尾酒会了——显然，未来的人类也没能制造出回到过去的时间机器。

时序保护猜想

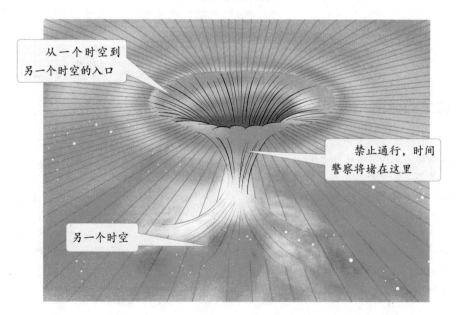

从一个时空到另一个时空的入口

禁止通行，时间警察将堵在这里

另一个时空

☽ 祖父悖论

霍金的时序保护猜想是否真正成立，以当前物理学的发展水平还难以判断。但即便有朝一日，量子引力理论的大厦建造完成，并且明确地告诉我们，霍金错了，物理定律允许时空旅行家回到过去，我们还是要面对另外一些难缠的问题，比如著名的"祖父悖论"。

假设有一个人，利用时间机器穿越到其祖父的孩提时代，然后掏出手枪，残忍地打死尚处于幼年的祖父，这样一来，将会出现什么情况呢？出现矛盾。既然这个人在祖父幼年的时候便将其打死，那么祖父便不可能结婚生子，更不会在后来出现这个混球孙子——可是，如果没有这个混球，祖父又怎么会被一枪打死？

祖父悖论

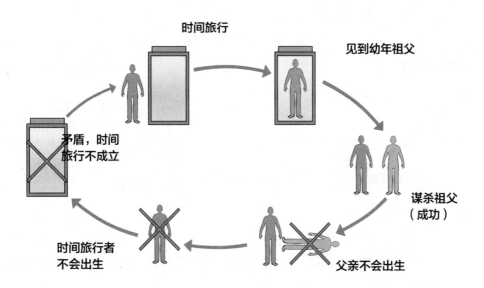

祖父悖论也称"因果佯谬"，它揭示了回到过去的时间旅行对因果时序的破坏：历史能被改写吗？如果历史被改写，我们便不能成为我们，那我们又身处何地呢？这是非常难以回答的问题。

🪐 香蕉皮机制

　　总有一些脑袋灵光的人，擅长把刁钻的问题用更刁钻的方式来解决。他们解决祖父悖论的手段很简单，只需要一件最平常的道具——香蕉皮。当那个混球坐上时间航班，穿越数十年的时间航程找到他的祖父时，在瞄准好谋杀目标、右手食指扣下扳机的一刹那，脚却一不小心踩在一个香蕉皮上，砰的一声，他没有命中目标，反而自己摔倒在地，祖父成功保住性命！像这样的，由一种突发的特殊事件来阻止时间旅行者改变历史，被人们称为"香蕉皮机制"。

香蕉皮机制

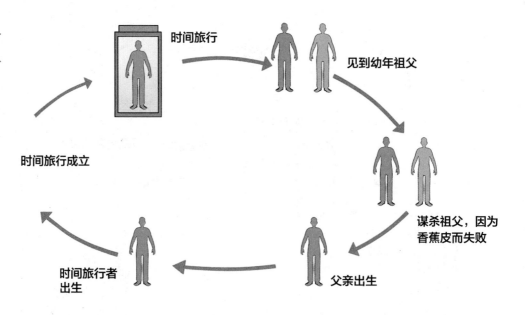

看起来很滑稽，对吧？但它的确是解决回到过去的时间旅行造成的因果佯谬的有效手段！

🪐 薛定谔的猫与多世界解释

　　在经典物理的框架内，因果佯谬的解决方案总是显得那么束手束脚。但是，量子理论允许我们任意翱翔，自由意志将被彻底解放。

1952 年，量子物理学大师薛定谔在爱尔兰都柏林发表演讲，在进入正题前，他严肃地警告在座的听众要事先做好心理准备，因为他接下来要讲的内容"听起来过于疯狂"。

量子物理的世界是一个奇妙的不确定世界，用概率波函数描述一个粒子，粒子的位置在波函数坍缩前是不确定的，直到波函数坍缩后才拥有随机确定的位置。就像薛定谔以前设计的那个思想实验：在一个理想的封闭装置中有一只猫，一个随时可能衰变的原子核决定着装置内毒气的开关，猫随时可能死掉，外部的观察者因此永远无法知道猫此时究竟是死是活——按照量子力学哥本哈根学派的观点，此时的猫处于一种"又死又活"的叠加态。

在这次演讲中，薛定谔给出了解决"薛定谔的猫"的多世界解释：猫在一个世界内死掉了，而在另外一个平行世界内活得好好的！量子力学的多世界解释认为，我们在世界中进行每个动作时，都会同时创建出一个平行的世界，在其中进行相反的动作。它像一条分叉的树，每条枝丫各不相同，你每向前一步，就会同时伸出更多的枝丫。

多世界解释可以很容易地解决因果佯谬，它允许时间旅行家杀死他的祖父，宇宙并不会因此而崩溃，仅仅是时间线产生了分叉。在一个平行世界中，祖父被谋杀，后来的故事是一个新的故事；而在另一个平行世界中，一切正常，祖父长大、结婚，依然照着原来的剧本……

"薛定谔的猫"的多世界解释

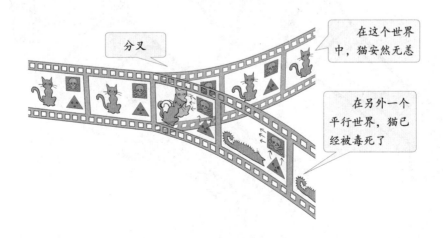

第六章

人类历史和星系探索

宇宙航行不是一个人或某群人的事，这是人类在其发展中合乎规律的历史进程。

——尤里·加加林

1. 人类演化理论：
回顾人类演化的历史

生命似乎起源于40亿年前的太初海洋中，而人类作为地球上的智慧生命，在漫长的演化进程中，是从发现古人类化石开始的。

☄ 发掘人类化石

古人类化石研究受到世界重视，并引起一股研究热潮是从荷兰医生马里·杜布瓦开始的。1887年圣诞节前夕，杜布瓦前往苏门答腊岛寻找地球上最早的人类骨骼化石。在此之前，虽然有人发现过人类化石，但因数量太少，并未引起人们的注意。

就是在这样的背景下，杜布瓦先后在苏门答腊和爪哇进行发掘工作。1891年，杜布瓦的挖掘队发现了特里尼尔头盖骨化石。这块化石表明它的主人没有明显的人类特征，但已经有比类人猿更大的大脑。一年后，他们又发现了一根完整的大腿骨，这和现代人的特征非常相似。杜布瓦就此推论：类人猿是直立行走的。

但不幸的是，杜布瓦回国宣讲自己的理论，却没有得到回应。两年后，他请解剖学家古斯塔夫·施瓦尔布制作头盖骨模型并发表文章。结果施瓦尔布获得了极大的赞誉，并且进行了一系列巡回演讲。这令杜布瓦喜恨参半，在之后的20年中禁止任何人研究他发现的化石。

人属生存年代对比

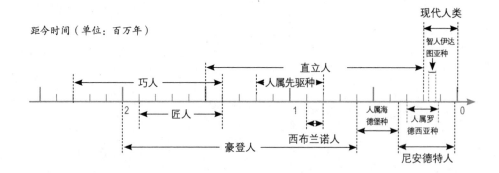

图解果壳中的宇宙

人属物种对照表

人类演化中的"人类"指的是"人属"。人属是灵长目人科中的一个属，今天生活在世界上的人类是唯一幸存的物种。

物种	距今时间 （百万年）	生存地点	成人身高 （m）	成人体重 （kg）	脑容量 （cm³）	化石记录
能人	2.3～1.4	非洲	1.0～1.5	33～55	510～660	多处遗址
豪登人	>2～0.6	南非	1			
匠人	1.9～1.4	东非与南非	1.9		700～850	多处遗址
人属鲁道夫种	1.9	肯亚				1个头骨
人属乔治亚种	1.8	格鲁吉亚			600	4具个体
直立人	1.5～0.2	非洲，欧亚大陆 （爪哇，中国， 印度，高加索）	1.8	60	850（早期）～ 1 100 （晚期）	多处遗址
人属先驱种	1.2～0.8	西班牙	1.75	90	1 000	2处遗址
西布兰诺人	0.9～0.8?	意大利			1 000	1个头盖骨
人属海德堡种	0.6～0.35	欧洲，非洲， 中国	1.8	60	1 100～1 400	多处遗址
尼安德特人	0.35～0.03	欧洲，西亚	1.6	55～70	1 200～1 900	多处遗址
人属罗德斯种	0.3～0.12	赞比亚			1 300	非常少
现代人类	0.2～现代	世界各地	1.4～1.9	50～100	1 000～1 850	现存
智人伊达图亚种	0.16～0.15	埃塞俄比亚			1 450	3个头盖骨
弗洛瑞斯人	0.10?～0.012	印尼	1	25	400	7具个体

🪐 演化理论的发展

雷蒙德·达特是威特沃特斯兰德大学解剖学负责人。1924年，他收到了一个非常完整的小孩头骨。达特意识到这和杜布瓦发现的直立人不同，是一种和猿更接近的远古猿人。他推测这种远古猿人生活在约200万年以前，将其命名为"非洲南方猿人"，并建议建立"人猿科"这一崭新的科。

在达特公布自己的发现之前，人类已知的古人类只有海德堡人、罗德西亚人、尼安德特人以及爪哇人四种。随着越来越繁多的新化石面世，各种各样的人种名也纷纷亮相：巨齿傍人、奥瑞纳人、特兰斯瓦尔南方古猿、鲍氏东非人以及几十种其他的类型。到20世纪50年代，人种名已经达100多种。

古生物学家们对这种乱哄哄的景象提出各种新的分类尝试，但总是被争论掩盖。1960年，克拉克·豪威尔提议将人属减少为南方古猿属和人属，进行了许多合并。令人欣慰的是，这种分类法维持了10多年的和平。

南方古猿——露西

露西是标本AL 288-1的通称，归为人类。露西的发现，为古人类学研究提供了大量科学证据。在阿尔迪被发掘出来之前，露西遗址被视为"人类最早的祖先"。

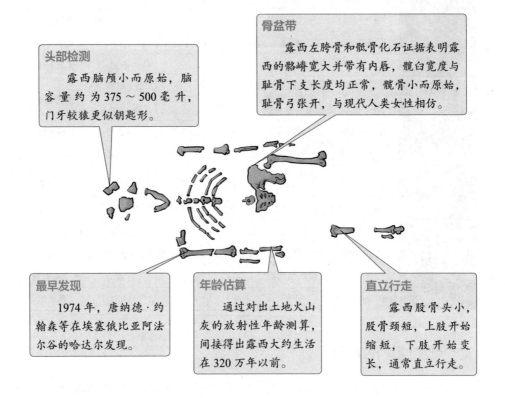

骨盆带
　　露西左胯骨和骶骨化石证据表明露西的髂嵴宽大并带有内唇，髋臼宽度与耻骨下支长度均正常，髋骨小而原始，耻骨弓张开，与现代人类女性相仿。

头部检测
　　露西脑颅小而原始，脑容量约为375～500毫升，门牙较猿更似钥匙形。

最早发现
　　1974年，唐纳德·约翰森等在埃塞俄比亚阿法尔谷的哈达尔发现。

年龄估算
　　通过对出土地火山灰的放射性年龄测算，间接得出露西大约生活在320万年以前。

直立行走
　　露西股骨头小，股骨颈短，上肢开始缩短，下肢开始变长，通常直立行走。

🪐 两种人类起源地的争论

　　随着一系列新化石的发现和新技术的应用，关于人类起源地的争论随之而来。艾伦·桑恩是多地区起源假说的主要支持者之一，这种观点认为人类进化是一个持续的过程，南方古猿进化到能人和海德堡人，之后进化到尼安德特人，现代智人是从一个较古老的人种进化而来的，世界上各大地区的人类未曾经历过迁移，而是在各自的生活区域产生、进化和繁衍，最后产生出三大人种的结论。迄今为止发现的智人、直立人等一系列化石均可作为这一理论的证据。

多地区起源论

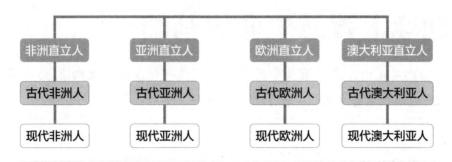

这张图表水平线表示在不同区域世系间的基因流动，强调了地理时间因素与相互交流的重要性。

而单一地区起源论的支持者之一是艾伦·威尔逊。他和自己的科学家小组通过对147人线粒体DNA的研究，发现现代人类在过去14万年里出现在非洲。该理论认为现代智人是在距今20万年前的非洲演变而来的，在距今约7万年到5万年间，开始离开非洲向外迁移，最终取代当时存在于欧洲、亚洲以及其他地区的原始人属物种。

单一地区起源论

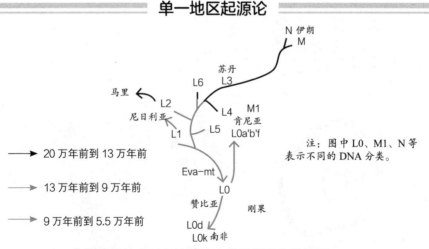

注：图中L0、M1、N等表示不同的DNA分类。

依据线粒体DNA绘制的人类早期分化发展图

单一地区起源理论是描述现代人类（解剖学意义上）起源与早期迁徙的最深入人心的理论。该理论认为现代智人是在距今20万年前的非洲演变而来的，在距今约7万年到5万年间，开始离开非洲，向外迁移，最终取代当时存在于欧洲、亚洲以及其他地区的原始人属物种。

2. 神秘的DNA：
地球上智慧生命的基础

DNA是地球上所有生命的基础。通过研究发现，大约在35亿年之前，高度复杂的DNA分子就已经出现。

👁 人类的DNA

人类的身体内含有40万亿个细胞，而每个细胞中的DNA铺展开之后大约有1.8米长。据统计，人身上的DNA长度约达731.5亿千米，而冥王星与太阳之间的平均距离约为57亿千米。这也就意味着人体内的DNA长度足以在太阳系内奔走十几个来回。

遗传信息的载体

细胞是生物体的基本结构，在细胞内一般都具有细胞核结构，而细胞核内具有遗传物质，正是这些遗传物质确保了物种的相对稳定和延续。

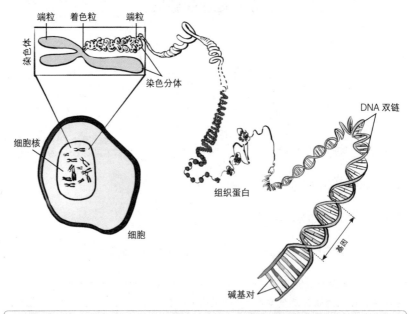

基因是DNA上具有遗传效应的片段，而DNA与蛋白质盘绕形成了染色体，染色体是细胞核中载有遗传信息（基因）的物质。

人体偏爱制造 DNA，若没有这种物质，人类简直难以想象。但 DNA 是没有生命的，它是最非电抗性化学惰性分子。这也是为什么人类能够从干涸已久的血迹以及古代尼安德特人骨骼中提取出 DNA 的原因。

令所有人感到惊奇的是，我们每个人的基因平均都有 99.9% 是相同的，这些基因决定了我们是同一种族。而正是那千分之一的差别造成我们每个人之间的不同。每个人的基因组大部分相同，但整体又完全不同，这使得我们成为一个物种，而又成为许多不同的个体。

☞ 发现 DNA

1868 年，瑞士科学家约翰·米歇尔发现了 DNA，他给它取名为核素，并指出这种物质是隐藏在遗传背后的原动力。这种观点太超前，以至于在之后半个多世纪的时间里，人们依旧认为这种物质在遗传中只扮演着一个微不足道的角色。

DNA 与 RNA 对比

RNA 是以 DNA 的一条链为模板，以碱基互补配对原则，转录而形成的一条单链，主要功能是实现遗传信息在蛋白质上的表达，是遗传信息向表型转化过程中的桥梁。

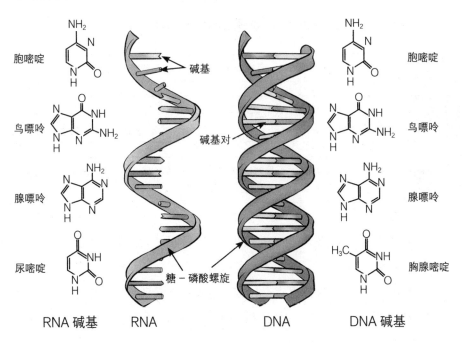

胞嘧啶　鸟嘌呤　腺嘌呤　尿嘧啶　碱基　碱基对　糖－磷酸螺旋

胞嘧啶　鸟嘌呤　腺嘌呤　胸腺嘧啶

RNA 碱基　　RNA　　　DNA　　DNA 碱基

到了 1888 年，染色体因为容易染上颜色而被发现。人们意识到这可能与传递某种特性具有关系，托马斯·亨特·摩尔根于 1904 年开始研究染色体，他花了 6 年时间，用尽各种办法来使果蝇发生变异以供自己研究，然而都以失败告终。最后在绝望的时候，他发现了一只白眼果蝇，而普通果蝇都是红眼的。这一发现打破了他的研究僵局，他和助手们对这种果蝇进行培育，并在其后代中跟踪这一特性。这一研究使他们发现了生物的某些特征与染色体之间存在着相互关系，在一定程度上证明了染色体在遗传作用中的关键作用。

1944 年，加拿大科学家奥斯瓦尔德·埃弗雷和自己的小组成员在经过 15 年的努力之后，终于成功地将一株不致病的细菌和不同性质的 DNA 进行培养，使得这株细菌具有了永久的传染性。这表示 DNA 肯定是遗传过程中非常活跃的信息载体。生化学家埃尔文·查伽夫郑重表示，这次发现值得获两次诺贝尔奖。

🪐 DNA 结构

20 世纪 50 年代初，加州理工学院的刘易斯·鲍林几乎是最有希望发现 DNA 结构的科学家。他从事分子结构方面的研究，曾先后获得了诺贝尔化学奖与和平奖。但遗憾的是，鲍林认为 DNA 是三螺旋结构而不是双螺旋结构。

DNA 的物理和化学作用

大小	DNA 的宽度约为 2.2 ～ 2.4 纳米，每一个核苷酸长度约为 0.33 纳米。
结构	DNA 聚合物中可能含有数百万个相连的核苷酸，DNA 由两条互相配对并紧密结合的链构成。核苷酸是一个核苷和一个或多个磷酸基团构成的。
化学键	磷酸与糖类基团交互排列构成 DNA，磷酸基团上的两个氧原子分别与五碳糖上的 3 号及 5 号碳原子相结合形成磷酸双酯键。

DNA 双螺旋结构的发现要归功于四位英国科学家：莫里斯·威尔金森、罗萨琳·富兰克林、弗朗西斯·克里克和詹姆斯·沃森。

1953 年 2 月，沃森和克里克通过威尔金森偶然看到了富兰克林在 1951 年 11 月拍摄的一张 DNA 晶体 X 射线衍射照片。他们采用了富兰克林和威尔金森的判断，并加以补充，确认 DNA 一定是螺旋结构，并分析得出了螺旋参数。因破译 DNA 结构，威尔金森、克里克和沃森共享了 1962 年诺贝尔奖。

DNA 的技术应用

遗传工程

重组 DNA 技术，可以使人类制造出新的脱氧核糖核酸（DNA），以质粒或病毒作为载体，对生物个体进行改造，满足人类实验等的需求。

生物信息学

生物信息学发展产生的储存并搜索 DNA 序列的技术，对字串搜索算法、机器学习以及数据库理论都产生过积极影响。

法医鉴识

利用在犯罪现场发现含有 DNA 的物质，可以辨识可能的加害人，是一种可靠的犯罪辨识技术。此外，利用 DNA 特征测定也可以辨识重大灾害中的罹难者。

电脑技术

包括平行问题、模拟抽象机器、布尔可满足性问题以及旅行推销员问题等都曾利用 DNA 运算做过分析。此外，DNA 的作用方式，对于一次性密码的研究也有相当大的启示意义。

历史学与人类学

通过比较在化石中发现的 DNA 序列，可以了解生物体的演化历史，广泛应用于生态遗传学、人类学等。

纳米科技

DNA 可以用于某些纳米尺度的建构技术，如导引半导体晶体的生长、制成一些特殊结构以及一些可活动的元件（纳米开关等）。

3. 生物进化:
非生物手段助力人类成长

生物进化非常缓慢，它将遗传信息编码于DNA上。但是，随着人类发明书写语言以来，生物进化的复杂性被极大地提升。

🪐 生物进化的阶梯

生物进化是依靠生物特性将遗传信息储存到DNA中，再借由生物一代一代向下传递。在最初的20亿年左右，其复杂性增加率应该是每百年一个比特信息的数量级。比特是信息量的度量单位，是信息量的最小单位。也就是说，生物依靠DNA遗传的进化是非常缓慢的，这导致人类在很长一段时期的历史中，几乎没有太大的进步。

什么是比特

比特，计算机专业术语，是信息量单位，是由英文BIT音译而来的。同时也是二进制数字中的位，信息量的度量单位，为信息量的最小单位。最早由克劳德·E·香农在1948年提出。他将"二进制信息数字"简称为"比特"，可以存储在当时机械计算机中使用的打孔卡上。

然而，大约在6 000 ~ 8 000年之前，这种局面发生了重大变化。人类发明了书写语言。这意味着，信息从这一代向下一代转移，不必等待非常缓慢的随机突变和自然选择把它编码到DNA序列的过程。书写语言的存在，可以极大地丰富人类的复杂性，无论是掌握的新技术，还是学习到的新知识，语言传输和文字记录使得信息可以呈指数般增长并传递下去。

举例说明，一本长篇小说就够储存关于猿和人类DNA差别的那么多信息，而30卷百科全书可以描述人类DNA的整个序列。同时，书载信息可以实现DNA无法实现的快速更新。

☄ 呈指数增加的信息

据研究统计，现在人类 DNA 由于生物进化引起的信息更新率大约为每年 1 比特。可以说，这样的更新率是非常缓慢甚至可以忽略不计的。但是，现在世界上每年可以出版大约 20 万种新书，相当于新信息率超过每秒 100 万比特。这与 DNA 信息更新率的比值差距是巨大的。当然，这 20 万种新书中，可能 99.9% 都是无意义的信息垃圾。但即使 100 万比特中只有 1 比特是有用的信息，仍然比生物进化快 3 153.6 万倍。

人类通过这种外部非生物手段的信息传递，使得人类获取了海量的信息，然后交由人类大脑进行信息处理，形成知识和经验，帮助人类从地球上众多的生物物种中脱颖而出，凌驾于世界之上，成为地球上所有生物的主宰。而人类之所以能取得今天这样的成就，破解宇宙之谜、登陆月球、探索火星，甚至是寻找外星文明，都离不开人类发明书写语言这一信息载体。

人类成就与信息载体

书写语言作为人类表达思想、传播知识、传递信息的重要载体，起到了至关重要的作用。现代的科学成就无一不是前人将知识储存到书籍中，再由后人持续研究进步，一代一代地向下传递。

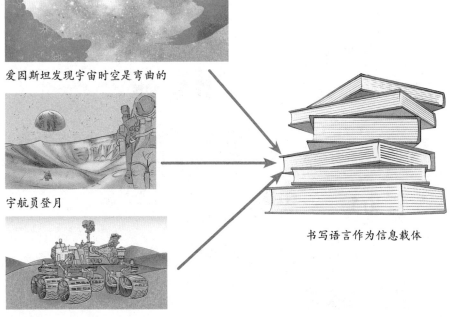

爱因斯坦发现宇宙时空是弯曲的

宇航员登月

火星探测器

书写语言作为信息载体

4. 人类计划：
遗传工程在人类身体实验

由于生物技术在 21 世纪的进步，人类或许不用等待生物进化的缓慢步骤就能增加我们内部 DNA 的复杂性。

🪐 DNA 基因工程

科学界预言，21 世纪是一个基因工程世纪。基因工程是在分子水平对生物遗传做人为干预，也就是说，缓慢的生物进化将会被科技手段改造，原本依赖自然进化的时代可能面临退出历史舞台。

要想了解基因工程，我们需要先从生物工程谈起。所谓生物工程，一般认为是以生物学的理论和技术为基础，结合化工、机械、电子计算机等现代工程

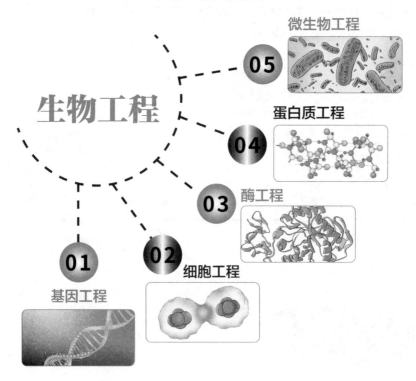

生物工程的分类

生物工程

05 微生物工程

04 蛋白质工程

03 酶工程

02 细胞工程

01 基因工程

技术，自觉地操纵遗传物质，定向地改造生物或其功能，短期内创造出具有超远缘性状的新物种，再通过合适的生物反应器对这类"工程菌"或"工程细胞株"进行大规模的培养，以生产大量有用代谢产物或发挥它们独特生理功能的一门新兴技术。

我们知道，基因工程是生物工程下面的一个分类，基因工程又称基因拼接技术和 DNA 重组技术。所谓基因工程是在分子水平上对基因进行操作的复杂技术，是将外源基因通过体外重组后导入受体细胞内，使这个基因能在受体细胞内复制、转录、翻译表达的操作。

基因工程在 20 世纪取得了很大的进展，这至少有两个有力的证明：一是转基因动植物，一是克隆技术。转基因动植物由于植入了新的基因，使得动植物具有了原先没有的全新的性状，这引起了一场农业革命。

克隆羊多莉的培育过程

多莉出世历经曲折。在培育多莉羊的过程中，科学家采用体细胞克隆技术，主要分 4 个步骤进行：

步骤一

从一只 6 岁芬兰多塞特白面母绵羊（姑且称为 A）的乳腺中取出乳腺细胞，将其放入低浓度的营养培养液中，细胞逐渐停止分裂，此细胞称之为"供体细胞"。

步骤二

从一只苏格兰黑面母绵羊（B）的卵巢中取出未受精的卵细胞，并立即将细胞核除去，留下一个无核的卵细胞，此细胞称之为"受体细胞"。

步骤三

利用电脉冲方法，使供体细胞和受体细胞融合，最后形成"融合细胞"。电脉冲可以产生类似于自然受精过程中的一系列反应，使融合细胞也能像受精卵一样进行细胞分裂、分化，从而形成"胚胎细胞"。

步骤四

将胚胎细胞转移到另一只苏格兰黑面母绵羊（C）的子宫内，胚胎细胞进一步分化和发育，最后形成小绵羊多莉。

克隆技术则在1997年迎来了科技突破——克隆羊多莉诞生。这只叫"多莉"的母绵羊是第一只通过无性繁殖产生的哺乳动物，它完全秉承了给予它细胞核的那只母羊的遗传基因。

🪐 人类基因组计划

20世纪80年代，美国科学家提出了"人类基因组计划"，目标是确定人类的全部遗传信息，确定人的基因在23对染色体上的具体位置，查清每个基因核苷酸的顺序，建立人类基因库。

基因工程与医学

用基因治病是把功能基因导入病人体内，使疾病得以治疗。人类基因组蕴涵有人类生、老、病、死的绝大多数遗传信息，破译它将为疾病的诊断、新药物的研制和新疗法的探索带来一场革命。

基因工程药品

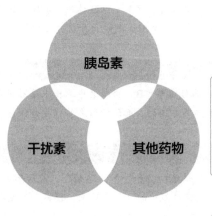

合成的胰岛素基因导入大肠杆菌，解决了产能不足问题，使其价格降低了30%～50%。

基因工程人干扰素α-2b，具有抗病毒，抑制肿瘤细胞增生，调节人体免疫功能的作用。

人造血液、白细胞介素、乙肝疫苗等通过基因工程实现工业化生产，提高了人类的健康水平。

胰岛素

干扰素　　其他药物

基因诊断与治疗

基因治疗是把正常基因导入病人体内，使该基因的表达产物发挥功能，从而达到治疗疾病的目的，这是治疗遗传病的最有效的手段。

到了 1999 年，人类的第 22 对染色体的基因密码被破译，"人类基因组计划"迈出了成功的一步。可以预见，在今后的四分之一世纪里，科学家们就可能揭示人类大约 5 000 种基因遗传病的致病基因，从而为癌症、糖尿病、心脏病、血友病等致命疾病找到基因疗法。

人类基因组计划的研究历史

1985 年	美国提出了测定人类基因组全序列的动议，形成了美国能源部的"人类基因组计划"草案。
1986 年	罗纳托·杜尔贝科　诺贝尔奖得主杜尔贝科在《科学》周刊撰文回顾肿瘤研究的进展，指出要么依旧采用"零敲碎打"的策略，要么从整体上研究和分析人类基因组。
1987 年	美国能源部（DOE）和国立卫生研究院（NIH）为 HGP（人类基因组计划）下拨了启动经费约 550 万美元（全年 1.66 亿美元），次年成立了"国家人类基因组研究中心"。
1990 年	美国能源部与国立卫生研究院共同启动 HGP，原定投入 30 亿美元，用 15 年时间完成该计划。英、日、法、德等国相继加入。
1994 年	中国 HGP 在吴旻、强伯勤、陈竺、杨焕明的倡导下启动，最初在国家自然科学基金会和 863 高科技计划的支持下，先后启动了"中华民族基因组中若干位点基因结构的研究"和"重大疾病相关基因的定位、克隆、结构和功能研究"。
2000 年	参加人类基因组工程项目的美国、英国、法国、德国、日本和中国的 6 国科学家共同宣布，人类基因组草图的绘制工作已经完成。最终完成图要求测序所用的克隆能忠实地代表常染色体的基因组结构，序列错误率低于万分之一。

🪐 人类遗传工程

到目前为止，我们可以看到 DAN 基因工程的应用主要集中在医疗领域和非人类的生物领域。但是，随着生物技术越来越完善，遗传基因的改造很可能应用于人类身体，也就是引起舆论所讨伐的"改造人种"。

自人类诞生以来，生物进化一直遵循着自然规律，而进入 21 世纪，很可能进入人为干预阶段。当基因工程的首要目的不是治疗人类的各种疾病，而是放在"改造人种"上面，届时世界将进入一种真正不平等的状况。可以预见的是，创造改良的人种相对于未改良的人种会产生巨大的社会和政治问题。除非我们有一个集权的世界制度，否则总有人将在某处设计改良人种。

图解果壳中的宇宙

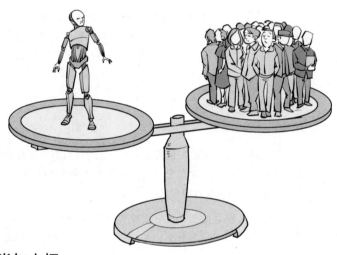

超人类与人权

　　改良人种的超人类在各方面优于普通人类，而真正掌握科技力量的只有少数精英阶层，这会导致人权遇到灾难性的挑战。人类创造了超人类，使人与人之间的差距被拉大。到那时，在超人类的眼中，看待普通人类或许就像 16 世纪的殖民者看待被殖民者的眼光一样。

　　若我们抛开伦理与舆论，只讨论技术本身，那么人种及其 DNA 将相当快速地增加其复杂性。事实上，我们需要做的不是在舆论层面谴责它，而是应该考虑如何应付这种局面。

　　如果人类要应付它周围日益复杂的世界和遭遇诸如太空旅行这样的新挑战的话，它必须以某种方法改善其精神与体魄。从这个意义上来看，在合理控制下的"改造人种"也未尝不是一种选择。

可能诞生的"未来人类"

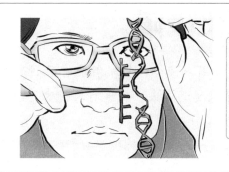

超人类

超人类是一种生物工程产物，在20世纪70年代开始兴起，采用操纵遗传物质的技术，定向改造生物或其功能，从而改变乃至重塑生物体。

生化人

生化人是一种仿生工程产物，依照仿生学原理制造的生化手臂，不但能够用意识指挥手臂动作，拥有远超人类手臂的力量，甚至能控制远处的机械手臂。

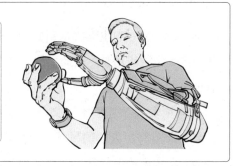

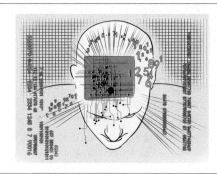

超高智能计算机

超高智能计算机是一种无机生命工程产物，典型的就是能够自我进化的电脑程序，人工智能，如科学家设想的那样，在电脑中重建一个完整的人脑。

新科学怪人

理论上通过遗传工程或基因突变能够产生智商1001以上的超级天才，他们拥有我们难以想象的能力，但这也可能带来一种人类史上前所未有的不平等。

5. 人工智能：
计算机系统的进化极限

信息技术在21世纪的发展和应用，使得计算机智能在某种程度上正在赶超人类。有人说这威胁了人类的未来，但也有人说这可以助力人类更好地探索宇宙。

🪐 人工智能搜寻脉冲星

搜寻脉冲星是射电天文学领域的重要课题。随着天文仪器的出现，数据采集的速度呈指数级增长。因此，能够挖掘大型天文数据集的人工智能技术变得十分重要。

在一项发表于《皇家天文学会月刊》的研究中，北京师范大学、国家天文台、北京理工大学的科学家合作，提出了一个将深度卷积生成对抗网络（DCGAN）和支持向量机（SVM）相结合的框架。这个框架可以学习候选脉冲星的关键特征。通过Parkes多波束脉冲星巡天数据的验证，该技术展示出有效性，为搜索FAST脉冲星的自动分析提供了新方法。

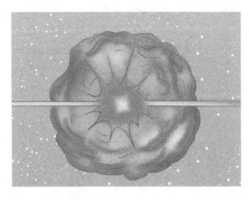

脉冲星

脉冲星是恒星在超新星阶段爆发后的产物，爆发之后只剩下了一个"核"，仅有几十千米大小。脉冲星的旋转速度很快，有的甚至可以达到每秒714圈。在旋转过程中，它的磁场会使它形成强烈的电波向外界辐射。

科学家认为天文学是人工智能大数据应用的最好领域。在现在的天文学研究里，即使只用了一点点和人工智能相关的技术，就能对整个天体物理领域产生深远影响。虽然人工智能技术在天体物理领域的应用还处于起步阶段，但人工智能已经开始真正参与人类对自然界新规律的发现。

人工智能在天文领域的应用实例

我们正在迎来一个天文学的大数据时代，机器学习在天文学上的应用也会越来越多。

引力透镜

大家去高档餐厅肯定见过这样的蜡烛，你能在酒杯底部看到这种光环，因为光线偏折了。这种透镜的效应在天文学中的对应现象叫引力透镜。爱因斯坦就曾预言，如果光通过质量巨大的一个东西，就能让光弯曲并围绕前方的星球形成一个圆环。

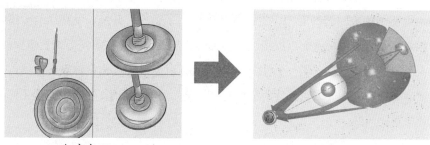

杯底光环　　　　　　　　　时空引力透镜

> 传统的方法需要用4 000个CPU的计算机算整整6周，才能完成一次分析。
> 但在2017年，发表在《Nature》上的一个研究应用了卷积神经网络来解决这个问题。研究人员只需要个人电脑就能得出结果，这使得大样本、从统计上面精细地对暗物质结构的探索首次成为可能。

星系际介质吸收

当光穿过宇宙网交汇处，即有星系的地方时，就会产生一个比较大的吸收。我们通过这些吸收线去重构三维的空间。当在高信噪比情况下观察吸收是容易识别的，但在低信噪比时就容易出现判断不准确的情况。若使用深度学习，对低信噪比的识别效果能超过人的眼睛。

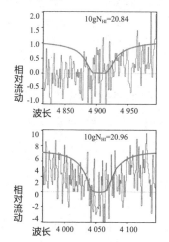

> 人工智能帮助我们发现了新的吸收体，也刷新了人类对中性氢含量的认识，从红色的部分（利用人工智能之前）更新到了灰色部分（利用人工智能之后）。

宇宙中的中性氢含量
红色为人工智能更新的结果

● Switzer+（2013）

☄ 智能与意识

在了解了人工智能对科学的帮助后，我们再回过头来探讨：人工智能对人类未来的生存有威胁吗？目前的研究成果显示，电脑相对于人脑具有速度的优势，但是它们毫无智慧的痕迹。也就是说，虽然人类越来越依赖计算机算法为我们做决定，但并不用担心人工智能哪天会获得人类的意识。事实上，智能和意识是两种天差地别的概念。

智能是解决问题的能力，意识则是能够感受痛苦、喜悦、爱和愤怒等事物的能力。人们常将两者加以混淆，是因为智能与意识在外在表现形式上很相似。但人工智能的背后实际是一种数学逻辑，而意识不只有逻辑一种表现方式。人类和哺乳动物处理大多数问题时靠的是"感觉"，但计算机算法会用完全不同的方式来解决问题。

智能和意识的三种可能

意识与有机生化相关

意识在某种程度上与有机生化相关。因此，只要是非有机体的系统，就不能创造出意识。

意识与有机生化无关

意识与有机生化无关，而与智能有关。因此，人工智能就能发展出意识。而且，人工智能想要跨过某种智能门槛，就必须发展出意识。

意识与有机生化或高智能均无重要关联

如果意识与有机生化或高智能没有重要关联，那么人工智能就有可能发展出意识，但并非绝对。人工智能有可能具备极高的智能，但同时仍然完全不具有意识。

当然，随着人工智能持续不断地发展，我们不能断言智能一定不能发展出意识。如果非常复杂的化学分子能在人体运行使他们具有智慧，那么同等复杂的电子线路也可能使电脑以一种智慧的方式运行。

☄ 人类的"自然愚蠢"

现代科学的研究方向注重人工智能的发展，而不太重视对意识的研究，这是一种"偏科"。如果计算机有了极先进的人工智能后，可能只会增加人类的"自然愚蠢"。到那时，人类会将大部分的决定交由人工智能处理，而弱化了自我的思维能力。如此一来，无论自己是为了生存而从事的工作，还是为了理想而进行的宇宙科学研究，都可能被人工智能所取代。

　　人类作为地球生物的代表，一直遵循着"用进废退"规则。生物体的器官经常使用就会变得发达，而不经常使用就会逐渐退化。就像人类大脑，越是勤思考勤运用，便越灵活；而越是懒惰不动脑，大脑便像生锈的链条，难以正常运转。因此，科学的目标除了探索浩渺的宇宙之外，也是时候回头研究人类的意识了。

意识研究的科学领域

　　科学是通过经验实证的方法，对自然现象、社会现象等进行归因的认识方法。而意识研究的科学领域主要包括自然科学和思维科学两大领域。

自然科学

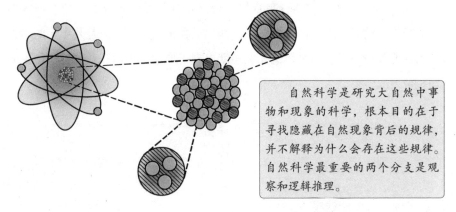

　　自然科学是研究大自然中事物和现象的科学，根本目的在于寻找隐藏在自然现象背后的规律，并不解释为什么会存在这些规律。自然科学最重要的两个分支是观察和逻辑推理。

思维科学

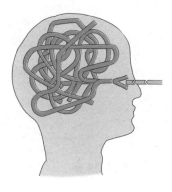

　　思维科学是研究思维活动规律和形式的科学，是研究人的意识与大脑、精神与物质、主观与客观的综合性科学。思维是人脑的机能，人脑是思维的器官。

6. 指数增长：
公元 2600 年的地球危机

从工业革命开始到科技文明主导世界的两个世纪内，人口逐渐呈指数式增长。这个增长率现在大约为每年 1.9%。这听起来似乎不是很多，但却意味着世界人口每 40 年就要增加 1 倍。

农业革命与人口增长

世界人口大幅度地增长并不是近几个世纪才开始的，我们追溯历史发现，人类第一次的人口暴涨发生在农业革命时代。大约公元前 9500 年—公元前 8500 年，人类从靠狩猎采集为生，过渡到种植小麦、稻谷和马铃薯，驯化山羊、狗等牲畜。

人类开始住进永久村落，粮食供给得到增加，因此人口也开始大规模增长。值得注意的是，人类在几百万年的演化过程中，一直都只是几十人的小部落。从农业革命之后，不过短短几千年就出现了城市、王国和帝国，这便是人口增长带来的结果。

农业革命

狩猎采集时期人类维持着几十人的小部落，因食物匮乏和生活不安定，导致人口增长缓慢。

狩猎和采集

农业革命

农业革命之后，因食物供给充足和居住环境稳定，世界人口迎来了第一次大增长。

🪐 工业革命与能源消耗

人类第二次的人口暴涨发生在工业革命时代。随着工业化在世界范围内的普及应用，人类的生活质量和安全保障得到了前所未有的提升，人口随之迎来了新的爆发式增长。

1700年，全球有将近7亿人口。到了1800年，只增加到9.5亿人口。但到了1900年，人口增长将近1倍，达到16亿。而到了2000年，更是翻了2倍，达到60亿。到2014年，已经达到足足70亿。

人口呈指数增长带来的负面影响是地球能源消耗的增加和生态环境的恶化。虽然早在工业革命的数千年前，人类就已经知道如何使用各种不同的能源，但因为技术手段的匮乏，对地球生态的破坏影响不大。但是，工业革命带来了新的生产方式，使得人类对地球资源予取予夺而没有节制。

工业革命

工业革命找出新方法来进行能量转换和商品生产，于是人类对于周遭生态系统的依赖大减，结果就是人类开始砍伐森林、抽干沼泽、筑坝挡河、水漫平原。地球资源被无限制地开发导致生态环境恶化，全球暖化、海平面上升、污染猖獗，使得地球对于人类来说越来越不宜居住。

生态环境恶化

生态环境，是制约人类发展的最大要素。人类敬畏环境就应当像敬畏神一样，充满谦逊与爱护。

科技的发展或许可以保证人类在一个环境更加恶劣的星球上生存，但并不能保证人类未来的光明。

人类未来的生存

☄ 地球可能面临的危机

历史上，地球曾有过多次将生命毁于一旦的自然灾变。但是在未来，人类很可能毁灭于自己制造的灾变中。目前随着世界人口的增加，大量二氧化碳等温室气体被排放到大气中，使得地球气候正在以惊人的速度发生变化。科学研究表明，如果人类在接下来的20年间仍然大规模排放温室气体，那么全球平均气温将至少上升2℃。

随着全球变暖，南北极的冰盖也在加速融化，从地球反射回太空的阳光就会减少，地球也因此吸收了更多的热量，再加上人类过于依赖煤炭、石油等化石燃料，温室气体排放越来越多，地球的温度也就越来越高，使冰盖融化得更快，陆地可居住面积减少。

更加可怕的是，一旦气候变化超越了临界点，就会陷入一种恶性循环。比

图解果壳中的宇宙

全球变暖带来的危害

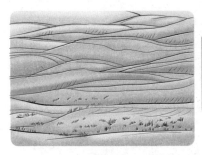

全球气候变暖会导致沙漠面积扩大，使得耕地减少，农业生产遭到破坏。

南北极的冰盖将融解消失，使得海平面上升，飓风、台风、海啸等自然灾害将更加频繁地出现，沿海城市首当其冲被海水淹没，然后是内陆城市。

一系列的连锁效应导致全球大部分地区将不再适宜人类居住，数十亿人沦为难民，到那时，人类要到哪里寻找新的家园呢？

如，当这种循环超过了临界值，即使温室气体排放降为零，也无法阻挡所有极地冰层融化的趋势。

🪐 地球会毁灭吗

在众多可能导致地球毁灭的威胁论中，有一种可能是我们被某些灾难，譬如核战争毁灭殆尽。核武器的威胁大家有目共睹，一旦打起核战争，没有一个国家能够幸免，届时地球将沦为灾难的火海。

在核武器出现之前的 19 世纪，民族主义曾经大行其道，虽然各个国家之间发生了大大小小无数次战争，但以当时的科技发展水平，还不足以摧毁人类文明。然而，在广岛原子弹爆炸之后，核武器提高了赌注的代价，也改变了战争的性质。

如果说 19 世纪的战争都是普通战争，那么在 1945 年之后，人类面临的可能是核战争的威胁。只要人类掌握浓缩铀和钚的技术，预防核战争就应该是比任何国家利益都更为重要的头等大事。如果没有强有力的国际合作机制，单凭某个国家，有能力保护世界免遭核毁灭吗？

核武器的灾难性影响

当大范围的核武器爆炸后，变热后的黑烟会产生一股上升气流，将黑色微粒子推向 30 千米高的同温层，使臭氧层遭到破坏。这样，整个地球就会变成暗无天日的灰色世界，气温急剧下降，绿色植被被冻死，海洋、河流冻结，地球生态遭到严重破坏，人类生存条件将被毁于一旦。

7. 星系探索:

寻找地外生命活动的痕迹

人类寻找宇宙的终极理论、探索星系并不仅仅是一种科学理想，它也深切地关乎着人类的未来。如果地球不再适合人类生存，那么探索系外文明也就显得至为重要了。

🪐 寻找地球以外的生命

在过去的 20 年里，行星科学飞速发展，数以千计的科学家投身到搜索太阳系外的行星世界。开展这样的科学研究，除了对理解太阳系的演化和地球的形成具有参考意义之外，更重要的是为了寻找地球以外生命存在的痕迹。

事实上，宇宙非常之大，里面存在着数千亿个星系，而银河系只不过是数千亿个星系中的一个；太阳系不过是银河系数千亿颗恒星中普通的一颗，而地球只不过是太阳系疆域中微不足道的一员。如果银河系 1/10 的恒星中存在行星，又如果 1/10 的行星类似地球，那么银河系中就可能有 10 亿个适宜移民的新家园。

宇宙背景中的地球

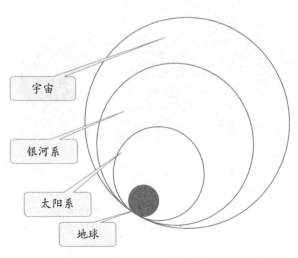

宇宙

银河系

太阳系

地球

若银河系中有 10 亿个行星可能存在生命，那么在宇宙数千亿个星系中，存在生命的行星就可能无限多。

🌀 行星生命存在的条件

科学家通过地球生命存在必需的物质条件对太阳系中的行星进行筛选,第一个筛选条件是液态水,这意味着行星需要存在于宜居带内。只有在宜居带一定的范围内水才能以液态形式存在。科学家认为,液态水是生命生存不可缺少的基础。

地球作为适合各种生命生存的理想场所,一个最重要的特点就是其所处的位置,即与太阳的距离。与太阳最合适的距离是定义宜居带的基础,在该地带可能会有与地球相似的行星存在。宜居带中的行星接收恒星辐射的热量既不能少得使水结冰,也不能多得使水沸腾,刚好维持一个液态的海洋。

人类曾经认为地球是太阳系唯一存在水的地方,但现在我们知道,水广泛地分布在太阳系中,其中包括土星、火星、天王星、海王星,以及小行星和彗星。

存在水的行星

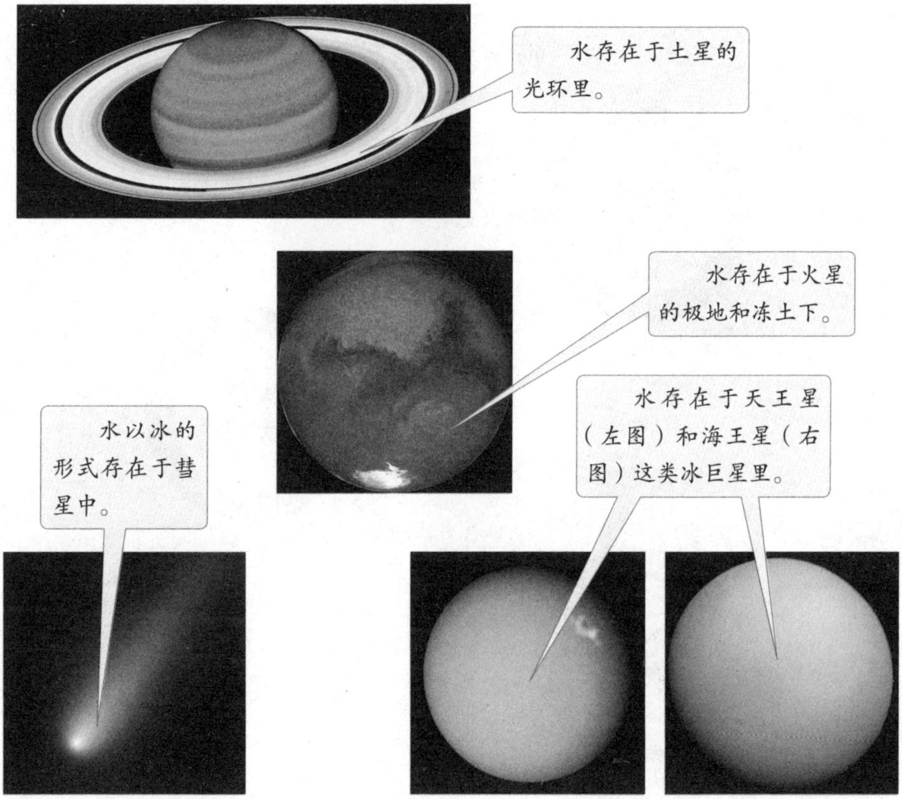

水存在于土星的光环里。

水存在于火星的极地和冻土下。

水以冰的形式存在于彗星中。

水存在于天王星(左图)和海王星(右图)这类冰巨星里。

如果一颗系外行星处于宜居带中，而大气中又恰好存在二氧化碳、甲烷和氧气，那么它就很有希望成为一颗适合生命栖息的星球。因为地球生命的呼吸过程会消耗氧气产生二氧化碳，同时地球上的生命死亡，微生物会分解构成生命体的有机物，降解的最后步骤会生成最简单的有机物甲烷。

但是，在一些行星上发现这些气体还远不足以说明生命的存在，其中的关键在于不同气体成分的比例。例如，火星大气和金星大气中都含有二氧化碳、水蒸气、氧气和氮气，金星甚至在 100 千米高空还具有一个很薄的臭氧层，但在这些行星上目前都没有发现生命存在的痕迹。

在金星和火星的大气中，二氧化碳的比例都超过了 90%，而氧气占比微乎其微。但是地球的氧气含量却占到了大气成分的 21%，正是这个原因使地球成为太阳系中最适合生命生存的"绿洲"。

我们向远古时代追溯，据推测地球的大气层应该仅仅含有少量的氧气。氧

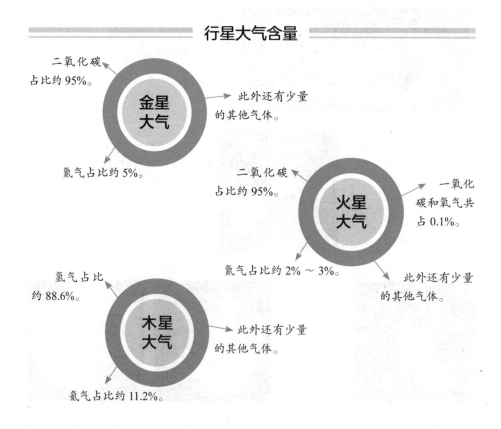

行星大气含量

二氧化碳
占比约 95%。

金星大气

此外还有少量的其他气体。

氮气占比约 5%。

二氧化碳
占比约 95%。

火星大气

一氧化碳和氧气共占 0.1%。

氮气占比约 2% ～ 3%。

此外还有少量的其他气体。

氢气占比
约 88.6%。

木星大气

此外还有少量的其他气体。

氦气占比约 11.2%。

气在大气中骤然增加是在 23 亿年前。蓝藻的出现使得光合作用得以进行，二氧化碳被转化成碳水化合物，氧气被释放到大气中。氧气对于地球上的厌氧微生物是毁灭性的毒气，却是真核微生物大发展的基石。如果我们在太阳系外的行星大气中发现了可观含量的氧气，那么很可能预示着这颗星球经历了和地球一样的生物化学演化过程。

☄ 测量行星大气的方法

行星科学家计算系外行星大气含量都是通过凌星方法测量得出的。如果一颗行星拥有大气，当它运行到恒星和观测者之间时，恒星的光就会穿过它两侧的大气层。行星大气层会吸收星光中特定频率的能量，使得地球上的观测者看到星光光谱在这些特定波长上变暗。大气的成分不同，星光被吸收的特征就会有差异。

哈勃空间望远镜已经对此进行了一些初步的观测。寻找地外行星上的生命活动迹象是下一代大型望远镜的重要目标，目前正在筹建的 30 米大型光学望远镜将有能力观察到太阳系外星球大气中的氧气。

行星凌星方法

行星凌星法是一种根据产生凌星现象时分析恒星亮度变化从而推算行星轨道及质量参数的观测方法。

行星大气层

观测者

发光的恒星

金星小黑点在太阳表面。

金星轨道在地球轨道内侧，某些特殊时刻，地球、金星、太阳会在一条直线上，这时从地球上可以看到金星就像一个小黑点一样在太阳表面缓慢移动，天文学称之为"金星凌日"。

金星凌日天象

8. 外星文明：

为什么没有星际来客

　　银河系中存在的恒星数量，表明存在另一颗文明星球的可能性非常高。而地球已经存在了45.5亿年，如何解释我们的家园没有地球外的来客呢？

外星人在哪儿

　　1950年，著名物理学家恩利克·费米在一次吃午饭时和同事们讨论飞碟和外星人问题，粗略地估算了银河系和宇宙中的恒星数目，问出了著名的问题："他们都在哪里？"就是这样一句看似随意的问话，引出了一个关于外星文明的科学论题，被称为"费米悖论"。

费米悖论

　　费米悖论讲，人类能用100万年的时间飞往银河系各个星球，那么，外星人只要比人类早进化100万年，现在就应该来到地球了。

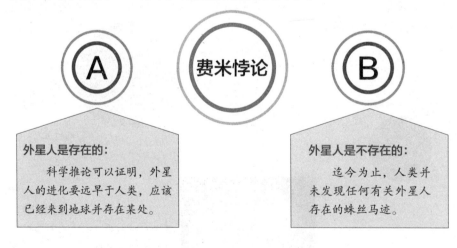

A

费米悖论

B

外星人是存在的：
　　科学推论可以证明，外星人的进化要远早于人类，应该已经来到地球并存在某处。

外星人是不存在的：
　　迄今为止，人类并未发现任何有关外星人存在的蛛丝马迹。

　　事实上，银河系中存在着上千亿颗恒星。假设这些恒星中只有1%拥有一颗行星，再假设行星拥有智慧生命的概率只有1%，那也意味着银河系中存在着100万颗文明星球。

因此费米指出，只要宇宙中的这些恒星中的一小部分发展出智慧生命，那么宇宙中的文明也应该不计其数。也许我们在历史上已经多次被外星生命访问，除非有什么原理上的困难阻止星际旅行成为现实。

搜索行星系统

行星系统的搜索对行星科学家而言，是一项费力却难以见到成果的工作。天文学家对银河系恒星总数的估计大约在 1 000 亿颗以上，但这不是银河系内所有形成过的恒星总数，有些质量很大的恒星早已经在历史中灭亡。因此，想要在数量如此庞大的恒星系统中搜索可能存在外星文明的行星，可想而知是一件多么困难的工作。

在费米提出"费米悖论"10 年之后，也就是 1960 年，美国地外文明搜寻组织创始人弗兰克·德雷克开始利用美国绿岸望远镜搜索地外文明。德雷克毕业于加利福尼亚大学，是一名天文学家，他最重要的贡献之一是提出"宇宙文明方程"来估算银河系中存在智慧生命的星球数目。这为搜索外星文明提供了一定的范围和搜寻方法。

宇宙文明方程的内容

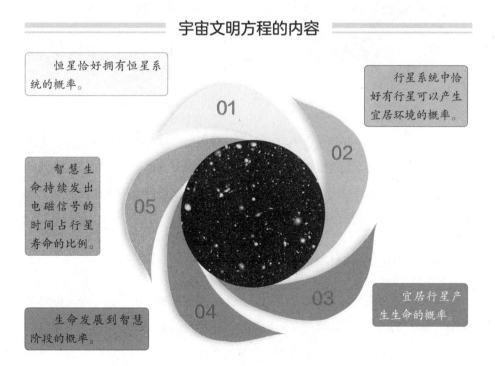

恒星恰好拥有恒星系统的概率。

01

行星系统中恰好有行星可以产生宜居环境的概率。

02

智慧生命持续发出电磁信号的时间占行星寿命的比例。

05

宜居行星产生生命的概率。

03

04

生命发展到智慧阶段的概率。

目前，人们在恒星中发现行星的概率大约是10%，但这个数字应该比真实存在的行星数目要小得多，因为很多小质量的行星产生的观测效应很小，没有办法观测到。从理论上说，恒星在形成过程中有很大概率形成气体盘，进而演化出行星系统。因此，我们目前可以乐观地把德雷克"宇宙文明方程"第一个因子设置为100%。

为什么银河系难以发现地外文明

根据德雷克"宇宙文明方程"和费米悖论，我们很容易厘清，有两类原因会使得银河系中缺少地外文明。第一种可能是：地球环境是独一无二的，有某种因素使得只有地球上才能发展出文明。

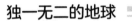

独一无二的地球

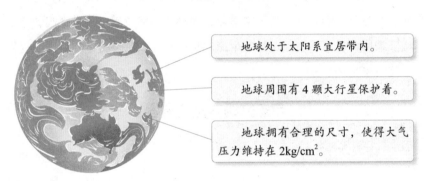

地球处于太阳系宜居带内。

地球周围有 4 颗大行星保护着。

地球拥有合理的尺寸，使得大气压力维持在 $2kg/cm^2$。

第二种可能是：智慧生命的存续时间非常短暂。这是说，如果我们认为地球上人类文明拥有无线电发射能力的时间可以持续 1 000 年，考虑到人类的电磁波探测能力，如果银河系中只有 1 000 个星球可以进行电磁波联络，那么我们至今在银河系中还没有找到它们也就显得不那么奇怪了。

高级地外文明的臆想

1960 年，弗里曼·戴森在《自然》杂志上发表刊文讨论了高等发达的地外文明。他认为足够发达的地外文明会充分利用恒星的能量，尽可能地围绕恒星建立太空站。戴森计算了建造这样庞大规模的太空站所需的物质量，差不多和木星的总质量相等，这要求地外文明有办法拆解另一个行星，并利用其所有的物质。像这样被人造空间站包裹住的恒星，现在被称作"戴森球"。

戴森球与三类文明

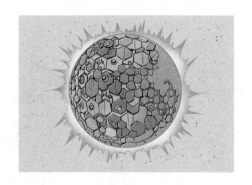

所谓"戴森球"其实就是直径2亿千米不等，用来包裹恒星开采恒星能量的人造天体。这样一个"球体"是由环绕太阳的太空站构成，完全包围恒星并且获得其绝大多数或全部的能量输出。

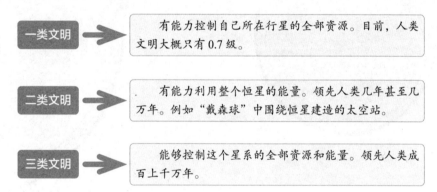

一类文明 → 有能力控制自己所在行星的全部资源。目前，人类文明大概只有0.7级。

二类文明 → 有能力利用整个恒星的能量。领先人类几年甚至几万年。例如"戴森球"中围绕恒星建造的太空站。

三类文明 → 能够控制这个星系的全部资源和能量。领先人类成百上千万年。

那么，戴森球真的存在吗？2015年，开普勒卫星数据的业余爱好者们发现一颗亮度变化奇怪的恒星，该恒星在被观测期间发生了两次显著的变暗现象。这次偶然的天文发现引起了人们对高级地外文明的讨论。

美国宾夕法尼亚州立大学的杰森·怀特等人在天文物理学预印本上将该恒星奇怪的亮度变化和地外文明建造的大型建筑联系起来，认为该恒星变暗也许是巨大人工空间建筑物遮挡造成的，而这个巨大的建筑物还没有完全建成戴森球。

但是，随着后续观测的进行，大多数科学家并不相信这是一个地外文明的标志，而更愿意相信也许是视线方向上某些其他天体遮挡了光线，但人们还没有找到确切的证据说明这颗星不可能存在地外文明。

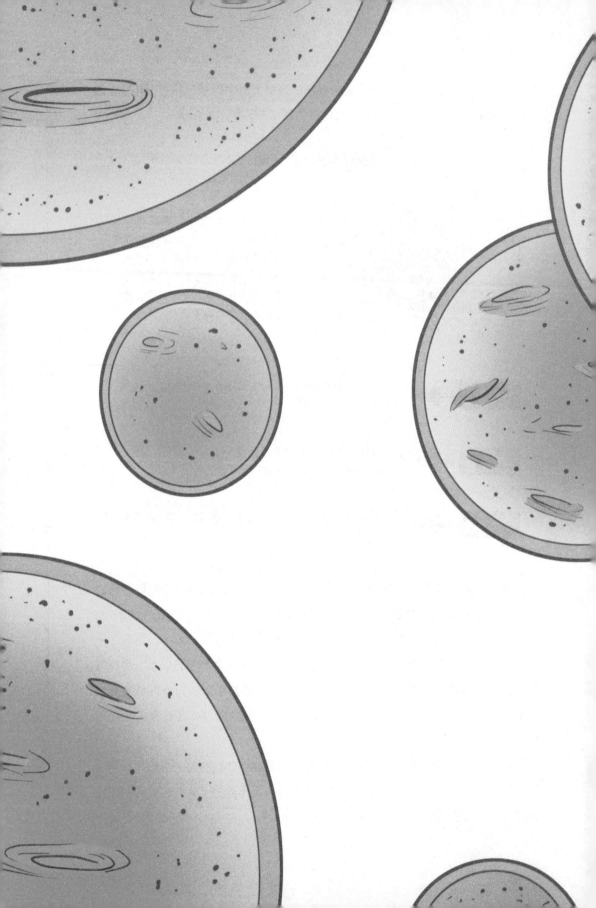

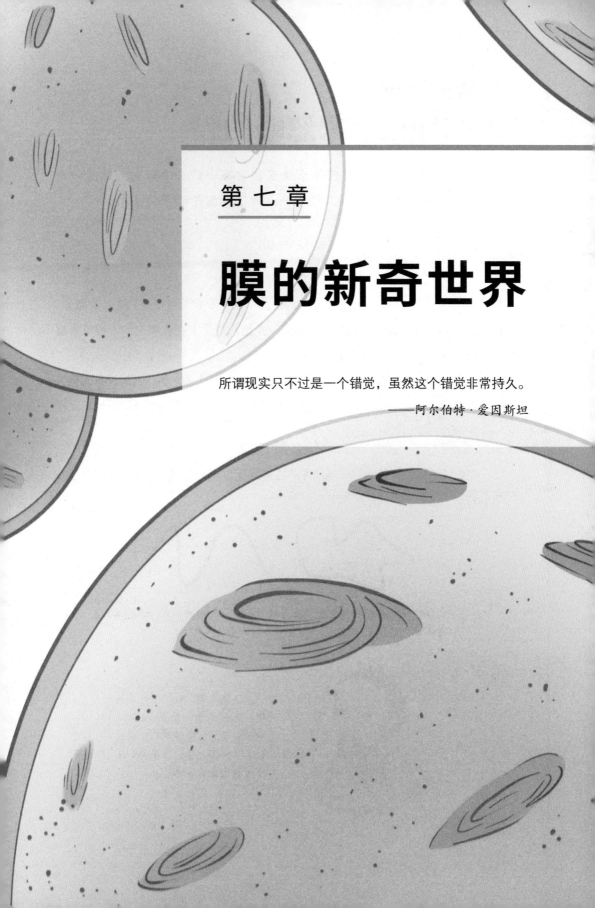

第七章

膜的新奇世界

所谓现实只不过是一个错觉，虽然这个错觉非常持久。

——阿尔伯特·爱因斯坦

1. 新理论兴起：
被弦理论学家忽略的膜

膜理论最早不过是弦理论系统里非常微小的一个分支，但随着人们发现膜理论的重要性后，它几乎成为了弦理论故事的主角。

🪐 发现 D 膜

1989 年，当时在得克萨斯大学的吉恩·戴、罗布·利和乔·波尔钦斯基，以及捷克物理学家彼特·霍拉瓦，分别独立地从数学上在弦理论的方程里发现了一种特殊类型的膜，即 D 膜。

在膜刚被发现的时候，人们只是把它当作一种新奇的东西，那时没有人会考虑相互作用或运动的膜。如果弦只是像弦理论学家最初猜想的那样微弱地相互作

什么是 D 膜

在弦理论里，开弦端点所能允许的位置就是 D 膜。D 膜是一种物体可以让开弦的端点以狄利克雷边界条件固定的地方。

> D 膜闭弦会绕成一个圈，而开弦则有两个自由的端点，这些端点必定有终止的位置。

> D 膜中的"D"指的是彼得·狄利克雷。他是 19 世纪德国数学家，是解析数论的创始人，对函数论、位势论和三角级数论都有重要贡献。

用，那么 D 膜将是紧绷的，处于静止状态，对弦的运动或相互作用没有任何影响。也就是说，如果膜对体里的弦不做回应，那么它们的存在是纯属多余的。

同时，膜也不遵循一种对称，即空间中任一点的物理定律与其他所有点都相同。例如，我们想象一张浸满了香水的布（膜），离它是远是近，立刻就能辨别出来。但是，膜却不会遵守这种规则。

尽管沿着某些维度膜会无限延伸，但在其他方向上，它们又会静止于一个固定的位置，因此它们不会向整个空间延伸。也就是说，香水在不同的方向上，产生味道的浓度却不一样。这违反了人们的直观经验。

由于以上两种原因，导致膜虽然被弦理论学家发现，却无法引起人们对膜理论的重视。

☄ 膜理论地位的提升

到了 1995 年，也就是膜被发现 6 年后，它在理论界的地位开始迅速提升。乔·波尔钦斯基证明了膜是一种动态的物体，是构成弦理论必不可少的，且很可能在其最终构建中发挥着关键作用。波尔钦斯基解释了在超弦理论里存在着哪些类型的 D 膜，并证明这些膜会携带电荷，因此能相互作用。

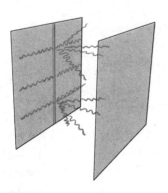

携带电荷的膜

电力被束缚在膜上，而且减小的速率恰好让电子具有围绕原子核公转的稳定轨道。

现在我们知道，膜不仅是一个位置，它本身就是一个物体。膜，就像我们看得见的薄膜一样，是真实的东西。

膜可以是松弛的，这时它们会弯曲地运动；膜也可以是紧绷的，这时它们可能处于静止状态；膜可以携带电荷并通过力相互作用；而且，膜也会影响到弦和其他物体的行为。所有这些属性告诉我们，膜在弦理论里是必不可少的，弦理论的阐述要前后一致就必须包含膜。

膜的张力

弦理论里的膜具有一定的张力。膜的张力和非零荷说明它们不仅仅是一些位置，还是物体：带荷意味着它们会相互作用；而张力说明它们会运动。

如果膜的张力为零，那么膜便不会有任何抵抗，轻轻地碰触就会让它产生强大的作用。

相反，如果膜的张力无限大，那么它就是一个静止而非动态的物体，敲击不会产生任何作用。

膜的张力就像鼓面，在被敲击之后，它会弹回其本来静止的位置。

将膜的张力比作鼓面

因为张力是有限的，就如其他所有带荷物体一样，膜便可以产生起伏和运动，并对力做出反应。

膜的相互作用就像蹦床一样，当其表面受压和产生反弹时，会与周围环境发生相互作用。

将膜的相互作用比作蹦床

无论是蹦床还是膜都会产生弯曲，都会影响它们的环境：蹦床的影响是通过推动人和空气；而膜的影响则是通过推动带荷物体和引力场。

🪐 膜的维度

弦理论里产生了不同类型的膜，有些膜会向 3 个维度延伸，但其他膜会向 4 个或 5 个甚至更多的维度延伸，事实上，弦理论包含的膜可以延伸的维度多达 9 个。但是，即便体空间包含多个维度，一些膜可能只会在三个空间维度里延伸。额外维度到膜这里可能就会终止，换句话说，膜是额外维度空间的边界。

我们还知道膜可以束缚只沿着它的维度运动的粒子。即使存在很多额外维度，局限在膜上的粒子也只能在那个膜所占据的有限区域内运动，而不能自由地探索整个额外维度空间。

什么是维度

维度就是在空间中确定一个点所需的量的数目。我们通常接触到的是四维时空，而在膜世界里，讨论的空间维度则要比四维多很多。

零维是一个无限小的点，没有长度。

一维是一条无限长的线，只有长度。

二维是一个平面，是由长度和宽度（或部分曲线）组成的面积。

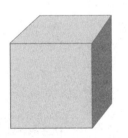

三维是二维加上高度组成体积。

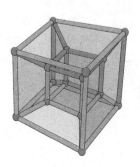

四维指的是在我们日产生活所认知的三维空间基础上，额外增加的一种维度。

2. 对膜的研究：

p膜产生了新粒子

膜有不同的形状、形式和大小，它们本身也是独立的物体。物理学家在研究中发现，p膜包裹着一个极微小的卷曲空间区域，看起来就像粒子一样。

☄ p膜和D膜的研究

p膜是爱因斯坦方程中一个神奇的解：它们在某些空间方向无限延伸，而在另外的维度又表现得像黑洞，困住所有靠近的物体。而D膜则是弦理论中开弦终止的曲面。

当乔·波尔钦斯基致力于D膜研究时，他在圣塔芭芭拉的同事安迪·斯特罗明格也同时在研究着p膜。因为同事的关系，他们常常在一起吃午餐，斯特罗明格会热烈地讨论p膜，而波尔钦斯基则总是谈论D膜研究的新进展。起初，他们以为这两种膜是完全不同的东西。但最终，乔·波尔钦斯基意识到，原来它们之间存在着紧密的联系。

D膜与p膜的关系

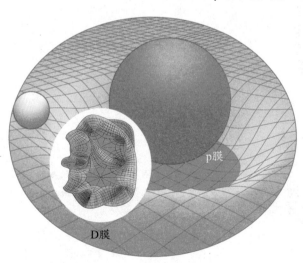

p膜

D膜

D膜和p膜是同一回事的结果意味着D膜的重要性将不再有疑问。同时，p膜对弦理论的粒子谱也是必不可少的。

乔·波尔钦斯基在 1995 年发现，用 D 膜同样可以解释一些由微小的 p 膜产生的新粒子。他将这项发现写在了论文里，并证明 D 膜和 p 膜实际是同一回事。在弦理论与广义相对论做出同样预言的能量上，D 膜融入了 p 膜。

膜也有质量

尽管我们只集中注意到膜是弦终止的地方，但膜本身也是独立的物体，能够与它们周遭的环境相互作用。斯特罗明格研究的 p 膜包裹着一个极微小的卷曲空间区域，他发现这些紧紧包裹的膜可以表现得像粒子一样。

膜变成粒子的譬喻

我们可以将膜理解为一种不规则的曲面，它可以是任意形状的，在空间的多个方向上延展伸缩。

当膜卷曲在一起，形状近似一个圆球时，它便将内部的空间包裹起来，从外面看，就像一个物质实体。

当这个膜包裹得越来越紧，内部空间被极度压缩，它看起来就像一个极微小的粒子。

这些微小的膜与我们熟悉的现实物体一样，也是有质量的，而且质量会随着体积的增大而增大：东西越多越重，越少越轻。

若一个卷曲的膜包裹着一个极微小的空间区域，那它会非常轻。斯特罗明格的计算显示，在极端情况下，当膜微小到你可以想象的极限时，这一微小的膜看上去就如一个新的无质量粒子。斯特罗明格的结果非常重要，因为它表明即便是弦理论最基本的假设——所有东西都是由弦产生的，也并不总是成立。在粒子谱中，膜同样做出了贡献。

3. 弦理论的融合：

膜在对偶性里的重要作用

在过去 10 年里，对偶性是粒子物理学和弦理论里一个最为激动人心的概念。事实上，物理学家发现，它对膜理论也有着特别重要的意义。

🪐 弦理论的对偶性

对偶性观点的产生最早在 1977 年，由物理学家克劳斯·曼通宁和戴维·奥利弗提出。但对偶性被首次运用到弦理论中已经是 1992 年，印度物理学家阿修克·森首先认识到了弦理论的对偶性。他在研究中指出，如果一个理论的粒子和弦被交换，理论仍保持不变。

对偶性的定义

当两个理论是有着不同描述的同一理论时，就是对偶的。也就是说，对偶性是描述导致相同物理结果，表面上却不同的理论之间的对应关系。

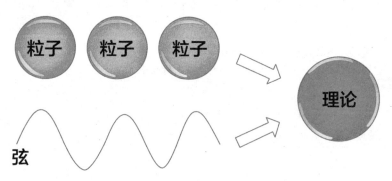

在 1995 年的弦理论会议上，对偶性迎来了更多惊喜。在此之前，大多数弦理论学家以为超弦理论有五种形式，每种形式都含有不同的力和相互作用。但在会议上，爱德华·威腾证明了超弦理论各对形式之间的对偶性。他的这次发言激发了一场真正的对偶性革命。

事实上，长期以来，很多弦理论家一直拒绝对十一维超引力论进行研究，他们不明白，当弦理论明显是未来最有希望的物理理论时，为什么还有人浪费时间去研究十一维超引力论。但在爱德华·威腾发言后，弦理论家只能承认，十一维超引力论不仅有趣，而且与弦理论具有同等的价值。在之后的一年内，弦理论学家陆续证明，所有这些十维弦理论彼此之间都是对偶的，而且与十一维超引力论也对偶。

物理学家威腾

爱德华·威腾毕业于普林斯顿大学，曾担任普林斯顿大学的物理教授，他被誉为当代最有影响力的物理学家之一。

威腾的主要成就体现在两方面：

一是在1994年同塞伯格引入塞伯格－威腾不变量，这通过解线性方程可以计算的不变量使得过去许多不变量相形见绌。

二是在1998年建立M理论，统一不同形式的弦理论成为完整的框架。

十维超弦理论与十一维超引力论的对偶性

尽管一个看上去是十维的理论要由一个完全不同的十一维理论给出最佳描述非常奇怪，但是，这恰恰是解释对偶性的最好证明。

在一段时期里，物理学家看待十维超弦理论和十一维超引力论之间的关系，认为它们之间存在着一个极为根本的问题，即十维超弦理论包括了弦，而十一维超引力论里却没有。

十维空间

科学家发现空间是十维的，减去我们看见的三维空间还有七个维度。这些额外的空间必须进行紧致化处理，将其卷曲成普朗克尺度，因此我们看不到这样的维度，加上一维的时间，正是我们现在看到的时空。

因此，物理学家开始用膜来解释这一问题，即使十一维超引力论不包括弦，但它包括二维膜。不同的是，弦只有一个空间维度，而二维的膜有两个维度。我们知道，在远距离和低能量上，一个有卷曲维度的理论看起来总是包括更少的维度，因此，当你发现一个有着卷曲维度的十一维理论表现得就如十维理论一样时，就不会感到惊讶。

膜与对偶性

假设十一维中的一个维度卷曲成了一个极小的圆，这样，包含一个卷曲成圆形维度的二维膜看上去就像一根弦。

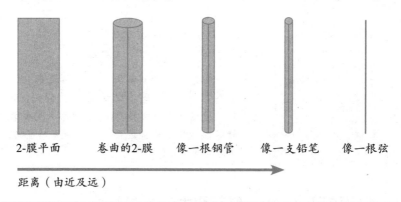

| 2-膜平面 | 卷曲的2-膜 | 像一根钢管 | 像一支铅笔 | 像一根弦 |

距离（由近及远）

> 卷曲的膜看起来只剩下了一个空间维度。这意味着，有了卷曲的维度，即使原来的十一维超引力论并不包含弦，它看上去也确实包括了弦。

威腾在1995年的会议上做了更深入的阐释。他证明：即便在近距离上，一个有着一个卷曲维度的十一维超引力论与十维超弦理论也是完全等价的。当一个维度卷曲时，如果你靠近了看，仍然可以区分出沿着这个维度的不同位置的点。威腾证明，对偶性理论里的所有事物都是等效的，甚至包括那些有足够能量去探索小于卷曲维度距离的粒子。

☄ 十维和十一维理论里的物质对等

弦理论和十一维超引力论是对偶的，因为对应在十维超弦理论里的每一个既定电荷的Do膜，都有一个相应的、特定的十一维动量的粒子，反之亦然。十维和十一维理论里的物质以及它们的相互作用恰好对等。

但是，常见的不带电荷的弦与十一维超引力论里的物体是不匹配的。因为在十一维超引力论的时空里，定位一个物体需要 11 个数字，因此只有带电粒子才有其十一维的"配偶"。

这一令人震惊的对偶性是证明膜有建设性意义的最早分析。不同的弦理论要相互匹配，膜是必须的附加成分。

Do 膜与粒子

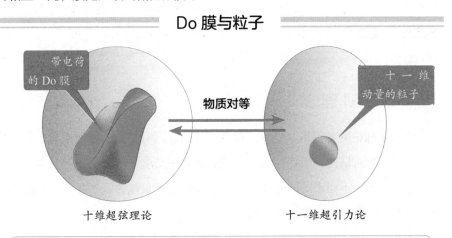

十维超弦理论　　　　　　　　　十一维超引力论

> 在有着一个卷曲维度的十一维超引力论里的所有东西，甚至是微小尺度和高能量的过程与物体，在十维超弦理论里都能找到其对应物。而且，不管维度卷曲成任意大小的圆圈，对偶性都成立。

膜与标准模型的关系

虽然膜在对偶性里发挥了至关重要的作用，减少了弦理论的形式，但实际上却增加了标准模型的表现方式。这是因为，膜能包容理论学家最初创建弦理论时没有考虑到的粒子和力。

标准模型的力并不一定是由一种基本弦形成的，它们可能是弦在不同的膜上延伸而产生的新力。尽管对偶性告诉我们弦理论最初的五种形式是相同的，而弦理论中可以想见的膜宇宙的数目却极为庞大。

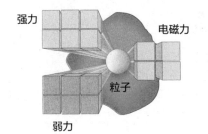

标准模型

在粒子物理学里，标准模型是一套描述强力、弱力及电磁力这三种基本力及组成所有物质的基本粒子的理论。

4. 寻找万物理论：

像拼图游戏一样的 M 理论

M 理论整合了所有超弦理论的已知形式，还将已知形式延伸至我们尚不明了的领域。它有可能给出一个更为统一与连贯的超弦图像，并最终实现弦理论的夙愿，使其成为一个量子引力理论。

什么是 M 理论

因为弦理论的各种形式实际上都是一样的，同时十维超弦理论和十一维超引力论又存在对偶性。因此，威腾认为必然有一个单一的理论能够兼容十一维超引力论和各种不同形式的弦理论，无论它们是否只包含弱相互作用。他将这种新的十一维超引力论命名为 M 理论。

一种统一的框架

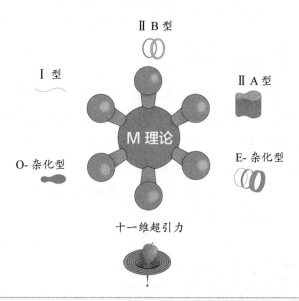

ⅡB 型

Ⅰ 型

ⅡA 型

M 理论

O- 杂化型

E- 杂化型

十一维超引力

存在一个所谓的对偶性关系网，它把所有五种弦理论以及十一维超引力连接在一起。对偶性暗示，不同的弦理论只不过是同一基本理论的不同表述，这个基本理论就是 M 理论。

🪐 不完整的拼图

我们现在知道，M理论不拥有单一的表述，它看起来更像是一种万物理论的集合。当然，这并不代表M理论就是科学家们苦苦寻找的大统一的万物理论。

事实上，物理学家已经对M理论的边缘了解得相当清楚，但是在M理论的"核心地带"还有很多不了解的空间。到目前为止，物理学家还没探索出"核心地带"究竟是怎么回事。所以在没有将M理论彻底搞清楚之前，实在不能宣称已经找到了万物理论。

神秘工艺品的譬喻

M理论就像是一件久远年代以前的神秘工艺品，终于被物理学家在考古遗址中挖掘出来。但不幸的是，物理学家仅仅获得了一些陶瓷碎片，这些陶瓷碎片虽然能拼接出来一个框架，但显然还不能展现出神秘工艺品的全貌。

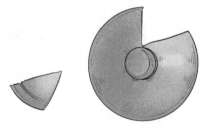

各种陶瓷碎片就像M理论中包含的不同形式的弦理论。

不同形式的弦理论虽然能拼接出一个M理论的框架，但显然还不够完整。

那么，M理论的"核心地带"是什么呢？我们会发现一些以前从未出现过的新理论吗？要实现这一目标，我们还需要更多的信息和模型来充分领会M理论。根据我们过去的经验提示，只要我们将观测的范围延伸到更小尺度，就很可能发现意外的新现象。

爱因斯坦说："关于这个世界，最不可理解的，就是这个世界是可以理解的。"今天，对于M理论，最不可理解的是，它居然已经把理解世界推进了一大步。

5. 膜的重要特征：
粒子和力被束缚在膜上

膜理论之所以在物理学理论中起到非常重要的作用，不是因为膜在对偶性上的贡献，而是因为膜能够束缚粒子和力。

🪐 被困在膜上的粒子

弦理论里的膜满载着粒子和力，而大部分的粒子和力都被困在膜上，它们不能离开，它们的存在必须依附于膜。即使它们移动，也只是在膜上移动；即使彼此作用，也只是在膜延伸开的空间维度里作用。

若我们从被困于膜上的粒子角度来看，如果不是引力或可能与它们相互作用的空间里的粒子，世界也就只有膜的维度。

膜束缚粒子的方式

为了便于理解弦理论是如何将粒子和力困在膜上的，我们假设有一个膜飘浮在高维宇宙的某个地方，同时在膜的附近存在一根弦。

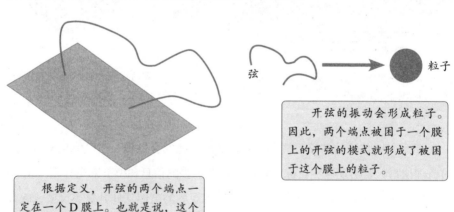

弦 → 粒子

开弦的振动会形成粒子。因此，两个端点被困于一个膜上的开弦的模式就形成了被困于这个膜上的粒子。

根据定义，开弦的两个端点一定在一个 D 膜上。也就是说，这个 D 膜就是开弦开始和终止的地方。

研究发现，膜束缚的弦所产生的粒子有着规范玻色子的自旋，而且它的作用方式就如规范玻色子一样。因此物理学家得出结论，这种粒子就是规范玻色子。这样一个被困于膜上的规范玻色子会传递力，这种力则作用于被困在膜上的其他粒子。

🪐 两个膜里的粒子

上面谈到的是一个膜里产生粒子的情况，但如果是两个膜呢？如果结构里不只存在一个膜，那么就会有更多的力和带电荷粒子。例如，在有两个膜的情况下，除了被困在每个膜上的粒子外，还会产生一种新粒子，它是由两个端点各位于一个膜上的弦产生的。

粒子质量与膜的关系

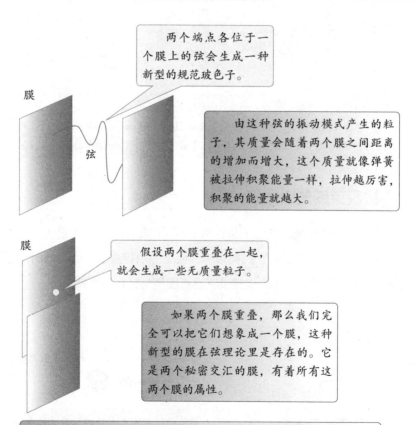

两个端点各位于一个膜上的弦会生成一种新型的规范玻色子。

由这种弦的振动模式产生的粒子，其质量会随着两个膜之间距离的增加而增大，这个质量就像弹簧被拉伸积聚能量一样，拉伸越厉害，积聚的能量就越大。

膜

弦

膜

假设两个膜重叠在一起，就会生成一些无质量粒子。

如果两个膜重叠，那么我们完全可以把它们想象成一个膜，这种新型的膜在弦理论里是存在的。它是两个秘密交汇的膜，有着所有这两个膜的属性。

两个膜重叠生成的无质量粒子，不同于两个端点在同一个膜上的弦形成的规范玻色子，它是一种全新的玻色子。它传递的力既可能作用于一个膜上的粒子，也可能作用于同时在两个膜上的粒子。

☄ 多个膜里的粒子

我们接着假设多个膜重叠在一起的情况，由于弦的两端可能被困于任何一个膜上，那么这样就可能生成多种新型的粒子。在不同的膜之间延伸的弦，或是两个端点在同一个膜上的弦，这些弦的振动模式就意味着生成了新的粒子。这些新粒子包括了新型的规范玻色子和新型的带荷粒子。

复杂的粒子情形

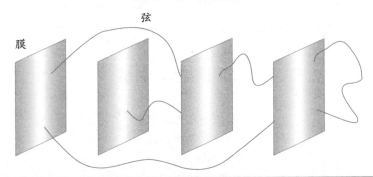

多个膜之间形成的新粒子，可能会产生一种复杂情形：
位于不同地点的膜承载的是完全不同的粒子和力，被束缚于这组膜上的粒子和力可能完全不同于被束缚于另一组膜上的粒子和力。

☄ 不被膜束缚的引力子

引力子是一种与规范玻色子和费米子不同的粒子，规范玻色子和费米子都是开弦的产物，开弦意味着它们被束缚在膜上。而传递引力作用的引力子是一种闭弦，闭弦没有端点，因而也就没有端点能把它钉在一个膜上。

认识引力子

弦（闭弦）

粒子（引力子）

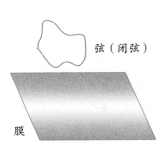

弦（闭弦）

膜

闭弦的振动模式形成的引力子能在整个高维空间里不受约束地行动。同时，引力子会局限在一个膜的附近，但又不会被束缚在一个膜上。

图解果壳中的宇宙

引力子的特性意味着，尽管膜宇宙可以将大多数粒子和力束缚于膜上，但它们却不能困住引力。这是一个很好的属性，它告诉我们，即使整个标准模型被困在一个四维的膜上，膜宇宙总会包括高维物理。

如果有一个膜宇宙，那么里面的所有东西都会与引力相互作用，而且在整个高维空间里，引力处处都能被感受到。

☄ 引力子的传递作用

我们知道，在不同膜上的粒子之间不会直接发生作用。因为相互作用是局域性的，即它们只发生在同一位置的粒子之间，分隔在不同膜上的粒子相距遥远，不能直接相互作用。因此，它们之间产生相互作用需要借助引力子。

因为引力子能够自由地穿梭于高维空间中，那么分置于不同膜上的粒子就能够通过引力子相互交流。这样的体空间粒子可以自由地进出一个膜，偶尔可能会与一个膜上的粒子相互作用，也可能在整个高维空间中自由穿行。

引力子的相互作用

引力子作为一种传递引力的粒子，它能够在高维空间里自由穿行，并与所有地方的粒子相互作用，无论它们是在膜上还是在膜外。

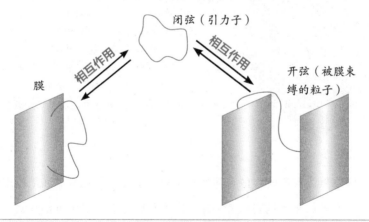

闭弦（引力子）

相互作用

相互作用

膜

开弦（被膜束缚的粒子）

我们可以将引力子的相互作用比喻为在一个体育馆里同时进行几场比赛。每场比赛的选手就是被束缚在膜上的粒子，他们之间无法沟通并交换信息。

而可以自由穿梭在体育馆里的教练就是引力子，他可以在不同的选手之间来回穿梭，并携带信息给不同的选手，使不同选手，也就是膜上的粒子形成了相互作用。

6. 膜宇宙图景：
我们可能生活在一张巨大的膜上

弦理论还不能告诉我们在宇宙里是否存在膜，倘若存在，又有多少。但可以确定的是，膜可能存在这一事实，又为宇宙的构成增添了更多的可能性。

🪐 膜开辟的新天地

20世纪90年代末，许多物理学家在研究宇宙学问题时，将膜作用重要的模型构建工具加入了宇宙图景研究中。最初，物理学家发现了膜上满载着粒子和力，而粒子又是构成物质世界最基础的元素。继而物理学家思考："我们生活的地球、太阳系、银河系，甚至整个宇宙，是否也处在一个膜上呢？"

膜宇宙学

膜宇宙学认为我们四维的宇宙是被嵌在一个高维空间里面的膜，简称为"体"。在这个"体"的模型当中，其他的"膜"也可以通过这个"体"，并且与这个"体"相互作用，然后产生一些标准宇宙学模型当中无法看到的效应。

膜宇宙图景为我们时空的总体性质提供了更多的可能性。如果标准模型粒子被束缚在膜上，那么我们也是一样，因为我们及周围的宇宙都是由这些粒子构成的。

而且，并非所有的粒子都处在同一个膜上，因此还可能有不为我们所知的、全然不同的新粒子经受着与我们已知不同的力和相互作用。我们观察到的粒子和力可能只是一个更为浩瀚宇宙的一小部分。

🪐 膜宇宙的数量

物理学家一直在追寻着一个有关宇宙、世界的唯一理论，但膜宇宙数量的激增显然不想物理学家这么轻易地探索到宇宙根源。虽然膜宇宙数量很多，但它们其中某个很可能真的描述了我们的世界。这令物理学家倍感激动，也就是说，只要耐心地探索每一个可能的膜宇宙，终有一天会揭开这个世界的终极谜题。

因为粒子物理学的法则在更高维宇宙里可能不同于物理学家原来的想象，对标准模型的那些令人费解的特征，额外维度提出了许多新的解答方法。虽然这些观点只是推想，但能解决粒子物理学问题的膜宇宙很快将在对撞机实验里得到验证。这就意味着，是实验而不是我们的偏见将最终决定这些观点是否适用于人类世界。

粒子对撞机

粒子对撞机是在高能同步加速器基础大型粒子对撞机上发展起来的一种装置。

主要作用是积累并加速相继由前级加速器注入的两束粒子流，到一定强度及能量时使其进行对撞，以产生足够高的反应能量。

粒子对撞的类别有选择正负电子的，有强子粒子对撞的，有质子对撞的和单质粒子对撞的等。

主要目的是探索微观粒子的宏观效应，认识量子粒子的规律。同时，探索"超对称"超额维度的存在。

粒子对撞机

科学家希望，能够在粒子对撞机前所未有的对撞能量帮助下，制造"迷你版"宇宙大爆炸之后的瞬间状况，探秘"希格斯玻色子""暗物质""暗能量"等其他未解之谜。

我们将要探讨的这些膜宇宙，它们是什么样子？它们的结果又是什么？这不得而知。但可以明确的是，我们不会把自己局限在由弦理论得出的膜宇宙里，在将来也要探讨粒子物理学的膜宇宙模型。

到目前为止，物理学家还远远不能理解弦理论的意义。虽然还没有人找到一个有着特定的粒子和力，或一定能量分布的弦理论例证，但这并不影响研究一些以弦理论为模型的膜宇宙。

🪐 霍扎瓦－威腾膜宇宙

第一个为人们所知的膜宇宙，是由弦理论直接推导出来的。皮特·霍扎瓦和爱德华·威腾在探索弦理论对偶性的过程中，偶然发现了这一膜宇宙，它预示了膜宇宙的某些重要特征。

霍扎瓦－威腾模型

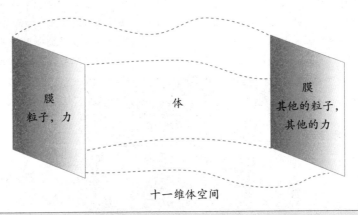

十一维体空间

> 这是一个由两个平行膜作为边界的十一维世界，其中每个膜都有9个维度，它们包围着一个有10个空间维度（十一维时空）的体空间。在霍扎瓦－威腾模型中，两个膜各含一组不同的粒子和力。

在霍扎瓦－威腾模型中，这些力一半被束缚在其中一个边界膜上，另一半被束缚在另一个边界膜上，两个膜上都束缚了足够多的力和粒子。可以想象，每个膜都包含了标准模型的所有粒子，也就是说，我们人类、地球、太阳系以及银河系等所有宇宙内的物质，其实都被束缚在这个膜上。如果没有膜，也就没有粒子，也就没有人类和整个世界。

霍扎瓦和威腾假定，标准模型的粒子和力都停留在其中一个膜上，而引力和同为理论组成部分的其他粒子，虽然在我们的世界里还没见过，但在整个十一维体空间里，它们能自由地穿行于两个膜之间。

☄ 有关引力的问题

霍扎瓦-威腾膜宇宙里一个引人入胜的因素是，它容纳的不仅是标准模型的粒子和力，而且还有一个完整的大统一理论。因为引力理论源自更高的维度，因此在这一模型里，引力就有可能与其他力在高能量上有相同的强度。

膜宇宙对真实世界物理的意义

解释了空间粒子（引力）

膜宇宙包含的不仅仅是一个膜，这意味着，它可以包含因为束缚膜之间的间隔而只能发生弱相互作用的粒子和力。被限制在不同膜上的粒子相互交流的唯一方式，就是通过它们与空间粒子（引力）的共同作用。

引进新的距离尺度

所有的膜宇宙都给物理学引进了新的距离尺度。这些新的尺度，如额外维度的大小，对力的统一问题或等级问题的解决可能有重要意义。

膜和空间能够承载能量

这个能量可以由膜和高维的空间储存：它不依赖于在场的粒子，与所有形式的能量一样，它会使体空间产生弯曲。这种由遍布于空间的能量引起的时空弯曲结构对膜宇宙是非常重要的。

霍扎瓦-威腾膜宇宙是众多膜宇宙模型中的一个先驱，这意味着它存在着许多问题，因为维度非常微小，霍扎瓦-威腾理论很难由实验检验；为了逃避观测，许多看不见的粒子必须很重；其中的6个维度必须卷曲起来，但卷曲维度的大小和形状都没有确定。

沿着这些线索继续下去，也许我们会在不久的将来发现能够正确描述自然的弦理论形式，当然这实在需要一定的运气。同时，我们也要考察粒子物理学中有着额外维度和沿着其中某些维度延伸的膜世界。只有齐头并进，才更有可能探索出宇宙的终极真理，剖开隐藏在果壳中的宇宙。

物理学专有名词小辞典

M理论

物理学的基本理论，它是万物理论的一个候选者。

爱因斯坦-罗森桥

连接两个黑洞的时空的细管。

图解果壳中的宇宙

暗物质

存在于星系、星系团中，以及也许在星系团之间的，不能被直接观测到的但是能用它的引力效应检测到的物质。宇宙物质的 90% 可能为暗物质与暗能量的形态。

暗物质

暗物质是宇宙的重要组成部分，并主导了宇宙结构的形成，其总质量是普通物质的 6 倍，约占宇宙能量密度的 1/4。

白矮星

一种由电子之间不相容原理排斥力支持的稳定的冷恒星。

比例

"X 比例 Y"表示当 Y 被乘以任何数时，X 也如此；"X 反比例 Y"表示当 Y 被乘以任何数时，X 被同一个数除。

表观定律

我们在宇宙中观察到的自然定律——4 种力的定律以及诸如表征基本粒子的质量和荷的参数——与称为 M 理论的更基本定律相对而言，后者允许具有不同定律的不同宇宙存在。

波粒二象性

量子力学中的概念，是说在波和粒子之间没有区别；粒子有时具有可以像波一样行为，而波有时具有可以像粒子一样行为。

波长

一个波的两个相邻波谷或波峰之间的距离。

玻色子

携带力的基本粒子。

不确定性原理

海森堡提出的原理，人们永远不能同时准确知道粒子的位置和速度；对其中一个知道的越精确，则对另一个知道的就越不准确。

不相容原理

在不确定性原理设定的极限之内，两个相同的自旋为 1/2 的粒子不能同时具有相同的位置和速度的思想。

测地线

两点之间最短（或最长）的路径。

场

一种充满空间和时间的东西，与它相反的是在一个时刻，只存在于一点的粒子。

超对称

一种微妙的对称，它不能和通常空间的变换相关。超对称的一个重要含义是力粒子和物质粒子，也因此力和物质实际上只是同一件东西的两个方面。

超引力

引力论的一种，它拥有一种称作超对称的对称。

虫洞

连接宇宙遥远区域间的时空细管。虫洞也可以把平行的宇宙或者婴儿宇宙连接起来，并提供时间旅行的可能性。

磁场

引起磁力的场，和电场合并成为电磁场。

从底往上方法

在宇宙学中，依赖以下假设的思想，即存在单一的宇宙历史，该历史具有明确定义的起始点，而且现在宇宙的状态是从那个起始点演化而来的。

从顶往下方法

宇宙学的方法，在这个方法中人们"从顶往下"，也就是从现在往过去追踪宇宙历史。

大爆炸

宇宙的紧致、灼热的开端。大爆炸理论设想，在大约137亿年前，我们今天看到的这部分宇宙只有几毫米宽。现在宇宙变得非常大非常凉，然而我们能在弥漫于整个太空的宇宙微波背景辐射中观察到那个早期宇宙的残余。

大挤压

宇宙终结的奇点。

大统一理论

一种统一电磁、强力或弱力的理论。

大统一能量

人们认为，在能量达到一定的强度时，电磁力、弱力和强力之间的差别会消失。

电磁力

4种自然力中的第二强的力。它作用于具有电荷的粒子之间。

电荷

粒子的一个性质，由于这个性质粒子排斥（或吸引）其他与之带相同（或相反）符号电荷的粒子。

电子

物质的一种基本粒子，它具有负电荷，而且负责元素的化学性质。

吊诡

有两种含义，一种是稀奇古怪、不同寻常、离奇、奇特、不可思议、荒诞不经的意思；一种是似非而是、反论、悖论的含义。

对偶性

在表观上非常不同，但是在相同物理结果的理论之间的对应。

反粒子

每个类型的物质粒子都有与其相对应的反粒子。当一个粒子和它的反粒子碰撞时，它们就湮灭并释放能量。

反物质
每种物质粒子都有相应的反粒子。如果相遇，它们就相互湮灭，只余下纯粹能量。

放射性
一种类型的原子核自动分裂成其他的核。

费米子
物质型的基本粒子。

分子运动论
从物质的微观结构出发阐述热现象规律的理论。主要内容包括：①所有物体都是由大量分子组成的，分子之间有空隙；②分子永远处于不停息和无规律运动状态，即热运动；③分子间存在着相互作用着的引力和斥力。

封闭空间
宇宙中如果物质的量较多时，宇宙膨胀就会变成收缩的状态，由物质引起的重力愈强，则空间就会扭曲成封闭的形象。

封闭宇宙
一种宇宙模型，平均密度足以使宇宙进行收缩到大压缩阶段。这种宇宙空间就像一个普通的球体——不要考虑球的内侧与外侧，只需考虑球面的世界。

光秒（光年）
光在1秒（1年）时间里走过的距离。

光速
光波或电磁波在真空或介质中的传播速度。

光锥
时空中心面，在上面呈现光通过给定事件的可能方向。

光子
携带电磁力的玻色子。光的量子粒子。

核聚变
两个核碰撞后合并成一个更重的核的过程。

核融合反应
核能分两种，核分裂能和核融合能。前者是重元素（如铀、铈等）分裂释放的能量；后者为轻元素（如氢及其同位素氘、氚等）结合成重元素（如氦等）释放的能量。

黑洞
内侧光速为零的部分，如果处于外侧来看的话，是完全看不见的一团黑，这就是所谓的黑洞。一旦落入黑洞，就绝对没有再逃到外面世界的可能。

黑洞蒸发
尽管黑洞具有无限吸引的特性，但还是有质子逃脱黑洞的束缚，这样日积月累，黑洞就慢慢地蒸发，到了最后就可能发生爆炸。

恒常宇宙论
认为宇宙在任何时候都是相同的。

红移
由于多普勒效应，从离开地球而去的恒星发出的光线的红化。

宏观与微观
在自然科学中，微观世界通常是指

分子、原子等粒子层面的物质世界；宏观世界是除微观世界以外的物质世界。

基本粒子

被认为不可能再分割的粒子。

加速度

物体速度改变的速率。

渐进自由

强力的一个性质，这一性质使强力在短距离下变弱。因此，虽然夸克在核子中被强力束缚，它们在核中仍可以运动，犹如它们根本没有受力一样。

介子

一类基本粒子，由夸克和反夸克构成。

经典物理

物理学的任何理论，在该理论中假设宇宙具有单一的明确定义的历史。

绝对零度

所能达到的最低的温度，在这个温度下物体不包含热能。

卡西米尔效应

在真空中两片平行的平坦金属板之间的吸引压力。这种压力是由平板之间的空间中的虚粒子的数目比正常数目减少引起的。

可择历史

量子论的一种表述，其中任何观测的概率均由所有能导致该观测的可能历史构成。

空间维

除了时间维之外的三维的任意一维。

夸克

感受强力的带电的基本粒子。每个质子和中子都由3个夸克组成。

雷达

利用脉冲无线电波的单独脉冲到达目标并反射回来的时间间隔来测量对象位置的系统。

粒子加速器

一种利用电磁铁能将运动的带电粒子加速，并给它们更多能量的机器。

量子

波可被发射或吸收的不可分的单位。

量子力学

从普朗克量子原理和海森堡不确定性原理发展而来的理论。

量子色动力学

描述夸克和胶子相互作用的理论。

裸奇点

不被黑洞围绕的时空奇点。

脉冲星

发射出无线电波规则脉冲的旋转中子星。

媒介

有些波在传导时必需的一种物质。

能量守恒

能量（或它的等效质量）既不能产生也不能消灭的科学定律。

膨胀宇宙论

宇宙物质的密度是逐渐下降的。

频率

一个波在1秒钟内完整循环的次数。

平坦空间

如果宇宙中物质的量减少时，空间扭曲情形也会变小。宇宙膨胀时，如果只放入少许的物质，很快就可以变成平坦的空间。

普朗克量子原理

光（或任何其他经典的波）只能被发射或吸收，同时其能量与频率成一定比例分立的量子思想。

谱

构成波的分量频率。太阳光谱的可见部分，可以从彩虹上观察到。

奇点

一种半径为零的天体，多见于描述黑洞中心的情况。因为物质在此点的密度极高，向内吸引力极强，因此物质会压缩为体积非常小的点，即在时空方程中出现分母无穷小的描述，因此物理定律在这里完全失效。

奇点定理

该定理认为，在一定情形下奇点必须存在——尤其是宇宙必须开始于一个奇点。

钱德拉塞卡极限

一个稳定的白矮星的可能的最大质量的临界值。比这质量更大的恒星，则会坍缩成一个黑洞。

强力

4种自然力中最强的力。这种力在原子核中把质子和中子束缚在一起。它还把质子和中子自身束缚在一起，因为它们是由更微小的粒子夸克组成的，所以它是必需的。

人择原理

人类之所以看到宇宙是这个样子，是因为如果它不是这样，人类就不会在这里观察它。

弱电统一能量

大约为100吉电子伏的能量，当能量比这更大时，电磁力和弱力之间的差别就会消失。

弱力

4种自然力的一种。弱力负责放射性并在恒星以及早期宇宙的元素形成中起极重要的作用。

熵定律

表示任何一种能量在空间中分布的均匀程度。能量分布得越均匀，熵就越大。当某个系统的能量完全均匀地分布时，这个系统的熵就达到最大值。

熵增法则

朝向概率数目较多的状态转变而使系统产生变化。

时间的单一方向性

时间这种由过去朝未来前进、绝不逆行的特性被称之为单一方向性。

时间知觉

人们对客观现象延续性和顺序性的感知。

时空

四维的空间，上面的点就是事件。

事件

由它的时间和位置指定的在时空中

的一点。

事件视界

黑洞的边界。

太初黑洞

在极早期宇宙中产生的黑洞。

微波背景辐射

起源于早期宇宙的灼热的辐射，现在它受到如此大的红移，以至于不以光而以微波（波长为几厘米的无线电波）的形式呈现。

稳态

不随时间变化的态。例如，一个以固定速率自旋的球是稳定的，因为虽然它不是静止的，但是它在任何时刻看起来都是相同的。

无边界条件

宇宙在虚时间里是有限的但无边界的思想。

弦理论

物理学的一种理论，其中粒子被描述成弦的波。弦只有长度，但是没有其他维。

相对性原理

无论谁从什么样的角度来看待物理，物理法则都不会发生变化。

相位

一个波在特定的时刻在它循环中的位置———一种它是否在波峰、波谷或它们之间的某点的标度。

星云

星际物质在宇宙空间的分布并不均匀。在引力作用下，某些地方的气体和尘埃会由于相互吸引密集起来，形成云雾状，这就是"星云"。按照形态，银河系中的星云可以分为弥漫星云、行星状星云等几种。

虚粒子

在量子力学中，一种永远不能直接检测到的，但其存在确实具有可测量效应的粒子。

虚时间

用虚数来表示测量出的时间。

以太

在古希腊，以太指的是青天或上层大气；在宇宙学中，又用来表示占据天体空间的物质；17世纪的笛卡尔将以太引入科学，并赋予它某种力学性质。

引力

4种自然力中最弱的力。具有质量的物体正是由它来相互吸引的。

宇宙常数

爱因斯坦使用的一个数学方法，该方法使时空有一个内在的膨胀倾向。

宇宙的热平衡

从可见宇宙的一端到另外一端，宇宙微波背景辐射在所有地方都保持相同的温度。

宇宙射线

来自于宇宙中的一种蕴含着相当大能量的带电粒子流，主要由质子、氦核、铁核等裸原子核组成的高能粒子流，也含有中性的 γ 射线和能穿过地球的中微子流。

宇宙学

对整个宇宙的研究。

原子

通常物质的基元，包含一个具有质子和中子的核，周围有电子绕核公转。

原子核

原子的中心部分，只包括由强力将其束缚在一起的质子和中子。

正电子

电子的带正电荷的反粒子。

质量

物体中物质的量；它的惯性，或对加速的抵抗。

质子

构成大多数原子的核中大约一半数量的带正电的粒子。

中微子

一种极轻的基本粒子，只受弱核力和引力的作用。

中子

一种不带电的和质子非常类似的粒子，在大多数原子核中大约一半的粒子是中子。

中子星

一种由中子之间的不相容原理排斥力支持构成的恒星。

重量

引力场作用到物体上的力。它和质量成正比，但又不同于质量。

重正化

用以克服量子场论圈图中的发散困难，使理论计算得以顺利进行的一种理论处理方法。

重子

诸如质子和中子的一类基本粒子，由 3 个夸克构成。

自旋

相关于但不等同于日常的自旋概念的基本粒子的内部性质。

坐标

指定点在时空中的位置的一组数。

图书在版编目（CIP）数据

图解果壳中的宇宙 / 王宇琨，董志道编著 . -- 长春：
吉林科学技术出版社，2021.1

ISBN 978-7-5578-7505-3

Ⅰ . ①图… Ⅱ . ①王… ②董… Ⅲ . ①宇宙 – 图解
Ⅳ . ① P159-64

中国版本图书馆 CIP 数据核字 (2020) 第 169026 号

图解果壳中的宇宙

TUJIE GUOKE ZHONG DE YUZHOU

编　　著	王宇琨　董志道
出 版 人	宛　霞
责任编辑	隋云平
策　　划	紫图图书 ZITO®
监　　制	黄　利　万　夏
特约编辑	高　翔
营销支持	曹莉丽
幅面尺寸	170 毫米 ×240 毫米
开　　本	16
字　　数	205 千字
印　　张	15
印　　数	1—10 000 册
版　　次	2021 年 1 月第 1 版
印　　次	2021 年 1 月第 1 次印刷

出　　版	吉林科学技术出版社
地　　址	长春净月高新区福祉大路 5788 号出版大厦 A 座
邮　　编	130118
网　　址	www.jlstp.net
印　　刷	艺堂印刷（天津）有限公司

书　　号	ISBN 978-7-5578-7505-3
定　　价	49.90 元